旋律与空间

——城市轮廓线研究

袁 犁 王小刚 著

中国建筑工业出版社

图书在版编目（CIP）数据

旋律与空间——城市轮廓线研究 / 袁犁，王小刚著．—北京：中国建筑工业出版社，2019.10
ISBN 978-7-112-24318-1

Ⅰ．①旋… Ⅱ．①袁…②王… Ⅲ．①城市景观—景观设计—研究 Ⅳ．① TU984.1

中国版本图书馆 CIP 数据核字（2019）第 216665 号

责任编辑：石枫华 毋婷娴
责任校对：李欣慰

旋律与空间
——城市轮廓线研究
袁 犁 王小刚 著
*
中国建筑工业出版社出版、发行（北京海淀三里河路9号）
各地新华书店、建筑书店经销
北京雅盈中佳图文设计公司制版
北京建筑工业印刷厂印刷
*
开本：787×1092毫米 1/16 印张：$9^1/_2$ 字数：193千字
2019年10月第一版 2019年10月第一次印刷
定价：**59.00**元
ISBN 978-7-112-24318-1
（34820）

目 录

第一章 城市轮廓景观概述……1

第一节 城市景观与城市轮廓特征……2

第二节 我国城市轮廓背景特征分析……8

第二章 城市轮廓线的 A–V 效应……25

第一节 建筑与音乐……26

第二节 城市轮廓与音乐……29

第三节 A–V 效应分析原理……32

第四节 音乐旋律的 A–V 轮廓表现……42

第五节 城市轮廓的 A–V 旋律表现……46

第三章 城市轮廓 A–V 效应分析方法……55

第一节 A–V 效应视网格的构建原理与表现……56

第二节 城市 A–V 轮廓的形成与确认……67

第三节 A–V 效应视网格分析步骤与方法……78

第四章 城市轮廓 A–V 效应研究运用……93

第一节 某山水城市（Z）轮廓线可视化音乐旋律评析……94

第二节 某平原城市（D）中心公园城市轮廓线旋律生成……127

第三节 某丘陵城市（Y）滨江公园城市轮廓线旋律生成……137

第四节 城市景观轮廓线设计建议……139

第五节 结语……139

参考文献……145

后 记……146

第一章

城市轮廓景观概述

第一节　城市景观与城市轮廓特征

一、城市景观

从景观概念的本质上讲，城市景观是人类量度其自身存在的一种视觉事物或对象，它应该是因人的视界而存在。近一百年来的景观研究表明，景观概念蕴含着三个不同的层次：一是视觉和心灵感受层面，是最基本的追求；二是文化历史与艺术层面，直接决定着一个城市的风貌特色；三是环境生态层面，追求人类与自然协调发展的生态观念，构建健康的人居环境。这三种层次都共同存在一种对艺术的追求特性。因此，有人认为城市景观是一门涉及多元关系的综合艺术。由于它主要是通过人的视觉去感受，为了获取良好的视觉效果，必须讲究景观的艺术性。因此，景观作为一种视觉形象，既是一种自然景观，又是一种生态景象和文化景象（图 1–1）。

城市景观，是指在城市范围内各种视觉事物和视觉事件构成的视觉总体，是指人的眼睛能看到的城市的一切。从城市景观的形式上看，可以表现为大尺度或小尺度、硬质或软质、开放或封闭、动态或静态，自然或人文等多种多样的形式。

英国规划师戈登·卡伦在《城市景观》一书中写道：“一座建筑是建筑，两座建

图1–1　城市景观

筑是城市景观。”组成城市景观的各种因素并非孤立，它们之间必然相互关联、相互依存，只有将各种因素进行综合组织、综合设计，才能形成优美的城市景观。所以，城市景观是城市中各种视觉事物及事件与周围空间组织关系的艺术。

从另一个角度认识城市景观，即是城市给予人们的综合印象和感知，也就是城市这一客观事物在人们头脑中的反映。凯文・林奇曾经说过：“城市景观是一些被看、被记忆、被喜欢的东西，即指那些好而美的景观。优美的景观不仅可以带给人们多方面的满足，还可以诱发人们产生美好的畅想和骄傲之心。”因此，城市景观在一定程度上可以反映城市地域的物质文明与精神文明的建设水平，已经成为城市环境建设、城市规划与城市设计的重要内容。

城市景观一般涵盖了景物、景感和主客观条件三个共同组成的要素。除了景物的基本形式和素材外，景感与观景条件则是深入认识和强化景观效应的重要方面。景感是指人对城市景观（物）的感觉反映，不同的人对景观有不同的感觉反映，即不同的人其景感也不同。景感又细分为直接景感与理性景感。直接景感是指景物通过人的眼、耳、鼻、舌、身等感觉器官的感觉反映，即所谓的五维感觉。理性景感是在直接感觉的基础上，通过直觉、想象、思维等的综合过程，从而产生对景物的认识与情感。例如，当人们看到某种景物时，会联想起自己所熟悉的某种东西，或回忆起某些事件，然后通过联想，对此作出反应。

城市的轮廓线对于一些教育文化层次低的人群来讲，其形态的直接景感是其主要心理反应，即感觉舒服、愉悦、美观。这是由于轮廓线是运用了艺术法则形式美的体现，因为建筑轮廓线主要艺术设计的基础采用了视觉的黄金比例的形式构图，对美的欣赏能够被大多数人接受。而对于一些具有受过教育培训、有全面知识文化或艺术造诣的人群，这些城市的轮廓线在他们眼里也许就是一首歌、一幅画，他们的欣赏行为也就是典型的理性景感的体现，如著名建筑学家梁思成就将建筑视为“凝固的音乐”。无论是一般人还是具有文化教育和广博知识的人，他们对城市景观的这种理性感觉，实际上是一种可更改的知觉形式，即所谓的“触景生情”“云想衣裳花想容”，可以把自然景物想象成某种具有人性的东西，或者产生“身临其境”的感觉。因此，理性景感可以说是更高一级的感受方式。

城市景观要素中的主客观条件，一方面是指城市中的自然、人文和社会景观等客观存在的条件。而人对景观的鉴赏过程中的时间、地点以及鉴赏人的年龄、兴趣、职业、知识等差异，还有社会的文化、科技、经济等情况，则是城市景观的主观条件。显然，主客观条件既是城市景观的制约因素，又可以促进和强化城市景观，这显然与城市的经济水平、科学技术、自然条件、民众素质、文化传统以及政策法规有关。

对城市景观的设计来讲，它不仅是一门综合艺术，而且还是一种立体综合艺术。

因为构成城市景观的各种要素，例如城市建筑，通过它们的高度、宽度、深度以及它们所处的位置、形状、色彩、材质的安排组合，可以表达出城市多维空间的静态美，再加上有生命的人、水、植物等随时间的变化而表现出的动态美的结合。所以，景观设计者应该注重创造城市景观的艺术美，以达到与自然环境协调；注重人性化以及自然美的艺术表现；重视景观的艺术性的最高理想环境，要把美学艺术运用到了城市景观的设计之中。正如清华大学吴良镛教授在20世纪80年代中期提出的“城市是一个巨大艺术品”，这正是对新一代城市风貌的美好憧憬和建设的目标。

二、城市轮廓景观

轮廓线，又称为“外部线条”，通常是指构图中某个物体或景物对象的外边缘界线，也可以理解为是一个对象与另一个对象之间、对象与背景之间的分界线。每个物体对象的外形轮廓都不同，即使是同一个物体，从不同角度看，也有不同的轮廓形状。①

城市景观是由城市环境中各种相互作用的视觉事物和视觉事件所构成，但由于这些视觉事物和视觉事件的多样性特点，城市景观由此具有构成上的复杂性。

学术界通常按照一般的方法，认为城市景观是由自然景观、人文景观和社会（活动）景观三种类型所构成。其中，人文景观（包括各种人工景观）是城市中的主要景观。如各类建筑、街道、构筑物、小品、雕塑等人工设施，以及历史文物古迹；各种与景物相联系的艺术作品，如诗文碑刻等；各种人造的对山、堆石、凿洞、挖地、人工瀑布、叠水和绿化等，都是构成城市景观的主要部分[2]。城市轮廓线即是城市景观分类中人工景观的产物。如建筑群组成的城市轮廓，无论是横向舒展的中间低周围高，还是横向收敛的中间高周围低，或者是高低起伏变化多端还是单调平淡缺乏美感，均会给人不同的景观面貌与感受。因此对于城市轮廓景观，是城市现代化发展的象征，是城市形象的风貌展示，是现代城市景观打造及其城市设计的主要内容（图1–2）。不断地强化对城市轮廓线的深入研究，不仅能够使我们在城市空间设计中对各类城市所具有的典型特征进行梳理和打造，同时也能够使城市所具有的现代文化和风貌得到升华。因此，开展对城市轮廓线的深入和多角度的综合研究与设计具有现实的意义。

早在20世纪中期，西方一些发达国家就开始了对城市空间的设计研究，规划建设出一批出色的城市空间形象。这些独特的形象特征大都从城市的轮廓线的设计上得到具体的体现，使城市空间轮廓显得格外的优美（图1–3，图1–4）。特别是在城市景观的塑造上，大胆地采用景观建筑学方法，对城市的整体空间进行组合与设计，控制建筑群的合理分布以及建筑高度，对建筑形态的塑造，也都进行了精心的规划与设计。通过全面

① 360百科：https://baike.baidu.com/

图1-2　城市轮廓线示意图

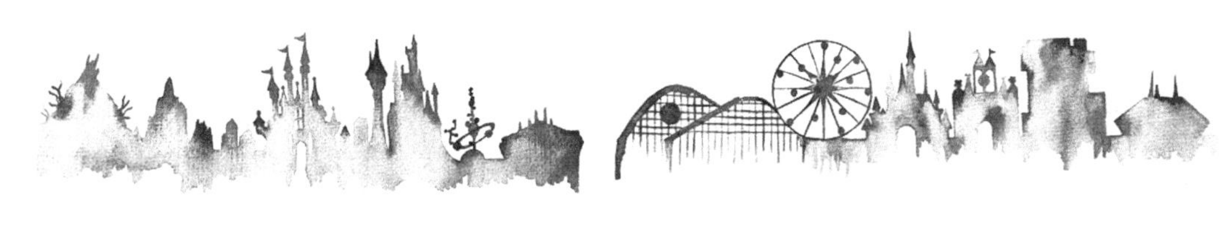

图1-3　英国艺术家 Natacha Pope笔下的城市轮廓线

（资料来源：https://weibo.com/u/2510828544?refer_flag=1005055013_&is_all=1#_rnd1563756790465）

图1-4　艺术家Redditor Charbinks的美国丹佛城市轮廓线作品

（资料来源：http://www.sohu.com/a/689065_111196）

分析城市轮廓的表象特征和城市建筑轮廓以及与天际线的关系，确立城市中心对城市整体景观控制的地位与景观节点位置（观景区）、观景通道及其角度，同时分析不同人群的观景心理与感觉，最后达到合理设计城市轮廓线风貌的目的。20 世纪 90 年代以后，景观建筑学逐渐对我国规划设计思想产生了影响，我们开始在一些大城市轮廓线的设计上进行了尝试，也产生了一定的效果。进入21世纪，在快速城市化的进程中，高大建筑群成为许多城市空间风貌的重要标志。而其他诸如山林、湖泊等自然景观要素尽管对城市风貌也发挥了重要的作用，但对于城市轮廓线的突出表现还是略显不足。

在生态文明建设的新发展理念指导下，城市的环境生态，特别是山、水、林、田自然景观的融入理念越来越多地引入到我们城市空间设计之中。针对城市天际线狭义的“城市天际轮廓线”单一表现形式，开启了更加重视组合山、水、植物及其与建筑之间的轮廓组合关系研究，从广义的城市轮廓线，从多元化、多学科融合思路上展开了对城市空间的设计研究。

三、城市景观与城市设计和开发

城市设计是一门关于城市建设活动的综合性专业门类，是城市规划实施的补充和深化，也是城市景观表现向城市空间的拓展和延伸。它不仅要体现自然环境与人工环境的共生结合，而且还要反映包括时间维度在内的历史文化与现实生活的时空融合，主要从城市形体艺术和人的知觉心理的角度对城市空间环境进行综合设计。在具体空间布局上，主要由贯穿于整个城市开敞空间的景观来控制协调，显然城市景观设计是城市设计的重要组成部分。

因此，城市景观与城市设计具有共同的价值取向，即满足人在城市环境中对心理和物质上的需求。在当下的城市规划建设中，城市设计必须重视景观的设计，才能为人们创造出方便、高效、舒适、宜人，而且优美并富有文化内涵和艺术特色的城市空间环境。因此，城市景观应该是城市设计的基本内涵与评价城市设计方案的标准之一。对于城市轮廓线的塑造，也就城市景观设计的主要任务之一，也是在城市设计中对城市形象打造的重要途径。

城市开发（Urban Development）是以城市用地利用为核心的经济活动，它是以城市的经济和社会发展为背景的一种有目的的物质建设过程。城市在不断地开发之中生长，所以城市的开发必然会对城市的景观造成影响。例如，随着城市的开发、建设和发展，旧景观不断消亡，新景观不断涌现，引起城市景观的差异（图1–5）。

另一方面，随着城市的开发建设，城市尺度也在发生变化，城市的用地、人口规模都在逐年增长。城市空间的构成也更加复杂化，建筑数量越来越多，高度越来越大，使得城市的轮廓也会逐渐发生改变。其实这些变化在我们自己身边的城市中就能够明显地感觉到（图1–6，图1–7）。当然，城市的开发也会促进城市景观出现多样性更新。例如，我们对城市土地的开发利用，在平原城市可以通过堆土成山，积水成池等手段，创造出一些丘陵城市，甚至山区城市的景观面貌；而在山地城市我们也可以制造一些

1990 年

1998 年

2015 年

图1-5　上海陆家嘴城市面貌的变化

（资料来源：《城市景观设计》和 http://www.kankanews.com/a/2015-04-14/0036650064.shtml）

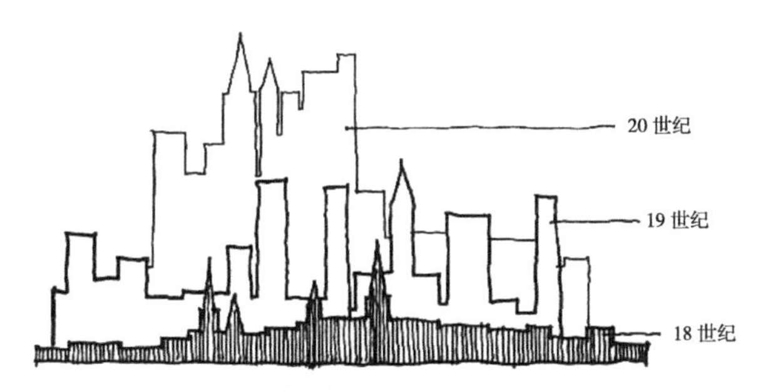

图1-6　曼哈顿城市轮廓线不同时期的变化

（资料来源：金广君，《城市图解设计》，1999）

图1-7　20世纪末曼哈顿建筑群景观轮廓线

（资料来源：田银生,《建筑设计与城市空间》,2000）

平原城市的景象。如匈牙利首都布达佩斯（图 1-8），它有“东欧巴黎”和“多瑙河明珠”的美誉。布达佩斯被多瑙河从中一分为二，布达位于河的西岸的山地上，道路网呈自由式；佩斯坐落在东岸的平原上，道路呈环形放射方格网式，多瑙河便成为一条自然景观的分界线。而这座城市整体景观也呈现出一种大尺度的空间对比效果。西岸建筑依山而建，形成优美的景观轮廓线；与其相对应的，东岸以国会大厦为中心形成

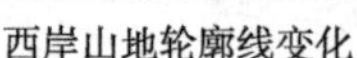

西岸山地轮廓线变化

东岸平原风景

图1–8　布达佩斯多瑙河两岸的城市轮廓线

（资料来源：孙成仁，《城市景观设计》，1999）

了美丽的滨水景观建筑群。河上几座精心设计的桥梁将两岸有机地连成一体，形成了协调统一的景观形态，布达佩斯因此被誉为“多瑙河上的王后”。第一次世界大战期间，城市遭到较大破坏，但在战后恢复及后来的城市建设中，主要城市景观按原样进行了修复，使城市的景观特色得以保持。

当然，城市开发也会给城市景观带来一些负面影响，例如城市文脉的危机和城市特色的危机，这实际上是现代城市所面临的共同问题，必须引起我们的重视。

第二节　我国城市轮廓背景特征分析

一、我国传统居住环境空间轮廓的认知

其实在我国古代就有山水形态的认识。自从人类聚落出现以来，人们的居建从来就没有脱离过对自然环境的要求和依赖。人们自古以来就非常重视居住环境及其周围的景观，重视人与自然和谐相处的关系。在建设城市中，其核心思想也是“均衡”二字。美国学者卡尔・斯坦尼茨教授就特别重视中国传统的居住文化在城市与人类聚落的选址方面浸透了山水、环境与人的均衡和融合的思想。大到整个城市，小到一村一居的环境均讲求选择在依山傍水、环境舒适的地方，即使有时存在条件限制，也要通过人工水面、人工假山以及设置园林来加以弥补。

“我居北山下，南山横我前。北山似怀抱，南山如髻鬟，怀抱东独暖，髻鬟春最先。松鬓沐初净，山葩插更妍……近翠成远淡，缥缈天外仙。”——杨万里《东园醉望暮山》

“抗北顶以葺馆，瞰南峰以启轩。罗曾崖于户里，列镜澜于窗前。因丹霞以赤眉，附碧云以翠椽。视奔星之俯驰，顾飞埃之未牵。”——（晋）谢灵运《山居赋》

可见，在古人的诗画中，经常会反映出较为丰富的景观元素，表现了山水环境较明显的景观价值和意义：

（1）城和村依靠背景山，大小相依；左右峰峦连绵起伏，形成多层次山脊线，增加风景的景深感；

（2）以河流、水池为前景，形成开阔平远、富有层次的远景。隔水相望，波光倒影，画面绚丽；

（3）以开阔的远山为对景和借景，形成前方的远景视线，具有丰富的山峦轮廓层次；

（4）以河流弯曲迂回形成障景、隔景，似隔非隔，欲扬先抑，形成空间的虚实对比，打造出豁然开朗、别有洞天的生态环境；

（5）城和村中的建筑物，如塔、楼、阁、坊、桥等人工建筑标志物、控制点、视线焦点、构图中心、观赏对象或观景点，实现城池内外景观视线的交换，满足人们对景物的识别性和观赏性。这些建筑物常被布置在远景和赏景的最佳位置上；

（6）当山形水势存在视觉上的缺陷时，通过修景、造景、添景等办法获得风景画面的完整与协调。因此往往构成一座历史城镇中的八景、十景等风景部分，逐渐成了游山玩水的风景点。

古代城市、村落依照人与自然和谐观念所构成的景观，都表现为围合封闭的景观环境；中轴对称的动态均衡格局；富于景深层次的景观画面；富有曲折蜿蜒和动态优美的山水景观轮廓等特点，使城池、村庄坐落之处山水风景画面流畅、生动而活泼。

古代城市、村落对周围的自然环境的追求十分讲究，他们从充分尊重自然的态度以及合理利用自然的认知，提出了对山形水势更高的要求。如需要对环境观形察势，对山形轮廓及其组合，以及对河流形势、山水色彩和动态等方面，都需尽量考虑居住功能与环境的有机结合，甚至充满了对山川“形式美”的向往和渴望（图 1–9）。正是由于视觉能够引起内心的愉悦感受，因此才逐渐形成了对优美的自然山水环境的要求。

我们认为，那时的人们追求宜居城市和村落的山水空间环境质量，其实质就是一种对朴实的健康生活的追求，他们以山的形态和水的外部轮廓形式与形态的视觉感受

图1–9　古代写意山水画花屏中的山峰景观轮廓

（资料来源：石桥清，《中国或古代环境文化 1800 问》，2011）

去衡量居住环境的好坏，有一点是肯定的，但凡形态优美的山峰轮廓线，必然是山峰连绵、蜿蜒起伏、曲折有情、行止有致，而且生动而美观。这实际上反映了人们对变化丰富的山水形态的追求。例如山体呈“凸”字形的所谓“笔架山”，也就相当于我们现在所指的天空与山体的天际轮廓线。后来，人们将此法则引入到了城邑布局之中，同样对应出现了对城市中轮廓形态的描述。如有诗云：“万瓦鳞鳞市井中，高连屋脊是来龙。①”其中就把密集相连的万家屋脊看作蜿蜒起伏的山脉，现在来看也就是所指城市中的建筑轮廓线而已。

唐代诗人杜牧《阿房宫赋》中曾经这样描述城市建筑的景观，并记录下建筑轮廓线的美：“蜀山兀，阿房出。覆压三百余里，隔离天日。骊山北构而西折，直走咸阳。二川溶溶，流入宫墙。五步一楼，十步一阁；廊腰缦回，檐牙高啄；各抱地势，钩心斗角。盘盘焉，囷囷焉，蜂房水涡，矗不知其几千万落。长桥卧波，未云何龙？复道行空，不霁何虹？高低冥迷，不知西东。②”文章的意思是：蜀地的山因树木被砍尽，光秃秃的，阿房宫建造出来了。它面积广大占地三百多里，宫殿高耸遮住了天日。它从骊山向北建筑，再延伸弯转向西，一直连接到咸阳。渭水、樊川浩浩荡荡地流进宫墙内。五步一座楼，十步一个阁；走廊如绸带般萦回，牙齿般排列的屋殿飞檐像鸟嘴般的啄向高处。楼阁各自依地势的高低倾斜而建，低处屋角钩住高处屋心，并排相向的屋角彼此相斗。盘结交错，曲折回旋。远观鸟瞰，建筑群如密集的蜂房，如旋转的水涡，高高耸立，不知道它有几千万座。一座长桥躺于水波之上，没有天上无云，为何有龙？原来是天桥在空中行走，不是雨过天晴，为什么出虹？房屋忽高忽低，幽深迷离，使人难辨西东③。

我们由古人的此段描述联想到他们对古代建筑轮廓线的视觉感受，发自内心的感慨其眼前城池形象是何等的壮观，犹如一位造诣精深的音乐家丹青妙笔挥洒出来的音乐乐谱线。

分析可见，古人对自然山水的依赖和崇敬是何等的痴迷。从他们对山水要素的各种描述中，不难看出古人在反复强调“山水”元素的重要性，其中不乏存在山与水的自然属性，生命属性以及景观属性，特别是“显山露水”的视觉属性，即是指山水的可见性。有山有水的人居环境，那才真是令人生活愉悦、心理舒适且可观可赏，并为人与自然和谐元素表达全面而完美的景观环境。因此，山水环境构成的轮廓线也可以理解为是赋予了人们生活环境的空间轮廓。

---

① 《阳宅集成》卷一（清·姚廷銮）“看龙”条目中有诗云：“万瓦鳞鳞市井中，高连屋脊是来龙，虽曰旱龙天上至，还须滴水界真踪。”

② （清）吴楚材、吴调侯，《古文观止》（卷七·六朝）唐文·阿房宫赋·杜牧。

③ 引自汉词网：http://www.hydcd.com/guwen/gw0190.htm.

日常话语中频频出现的“显山露水”“开门见山”，仔细品来才发现：我们居住的环境四周，背靠山，面向山；后有山泉溪流，前有江河湖海，左右小河弯绕，人们生活在山环水抱的大自然中，山与水紧紧相连。构图立面上，绿水青山，山形轮廓线蜿蜒起伏，连绵不断；平面构图上，流水曲折婉转，岸线优雅，湖水荡漾，碧水疏影，天际一片（图 1–10）。

图1–10 显山露水、开门见山

在世界人口爆炸，城市化加速的今天，现代的人们已逐步认识到山水视觉形态的重要性，不想再把自己关在城市混凝土的笼子里面，尽可能的挣脱桎梏，重新走进自然之中。现代新型城市的空间设计与建设，也重新提出了恢复与建设打造山水城市景观的许多新观点与核心思路，也必将开启新的时代新的城市风貌的设计航程。

二、现代城市轮廓线的基本类型与表现

（一）轮廓线背景的形成

一座城市的轮廓线（天际线）背景表现，通常从几个方面体现出来。从景观设计的角度，也常常考虑这些背景元素来进行轮廓线的塑造。根据现在城市的空间组成和结构特征，城市轮廓线一般可由山形轮廓线、建筑轮廓线以及植物林冠线形成。

（1）山形轮廓线

城市周边的山形以及城中起伏的地形，都是可以运用的背景元素。山形轮廓线是天地“风景界面”的交界线，以天空与山体的交界线构成地形线。如地平线、山形轮廓线等。它可以独立的与天空构成天际线①，适于远观，常作为城市的远景轮廓或建筑群的背景轮廓，增大空间景深和层次效果（图 1–11）。

位于平缓地带的城市，常以线或面的形式展现，形成平缓、广阔的景观。但由于地形起伏很小，缺乏三度空间感，易使景观平淡、发散、无焦点。所以，要在平地上创造令人向往的、具有丰富变化的轮廓景观，比起山地或坡地地形，有一定难度。因此，主要通过利用建筑物自身的高低或树林的高低，获得三维空间的轮廓变化；也可采用挖坑、筑台、架空道路的手段获得景观的起伏变化；或利用密林围合，对建筑采取适当的遮挡来修补景观（图 1–12，图 1–13）。

平原城市可以突出重要景点和景物，利用它控制整个地区轮廓线，并形成主角。

---

① 天际线：指天边；肉眼能看到的天地交接的地方。古代指天空。《易・丰》：“丰其屋，天际翔也。”

图1-11　山形轮廓线

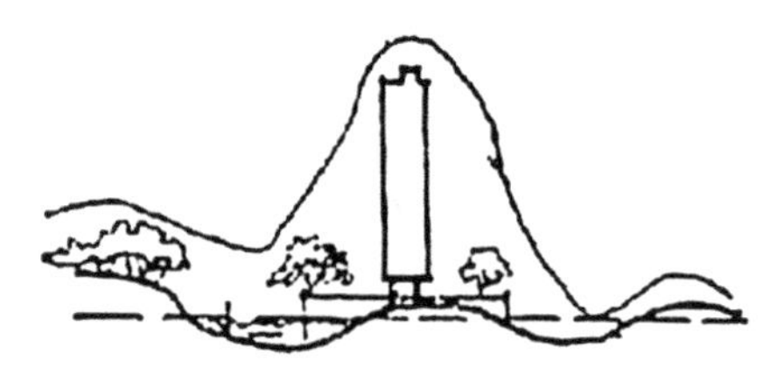

利用高层建筑或挖土筑台　　利用树、石、水

图1-12　修补平地轮廓线单调感
（资料来源：徐思淑等，《城市设计导论》，1991）

一些大城市中心重要景物形成区域控制点，奠定了它们作为城市视觉焦点和景观标志物及轮廓线的地位（图1-14）。

另一方面，由于平坦观景广度和深度较小，所以还常需要借助高大的建筑物或者眺望塔（台），以获得整体或较大范围的概貌。因此它们既是景点又是观景点，还是轮廓线的视点中心，要予以非常的重视。

图1-13　利用植物遮掩丰富景观轮廓
（资料来源：孙成仁，《城市景观设计》，1999）

图1-14　平地城市重要景物轮廓控制示意图
（资料来源：田银军等，《建筑与城市空间》，2000）

地处地形高差变化较大的山地或坡地城市，无论在使用还是视觉景观上，都具有不同于平地的突出个性。对于它们的城市轮廓设计，应该以尊重地形的变化条件为重要前提，将它们充分组织到城市的轮廓线景观的构图中，形成丰富怡人的景色。

山坡地形的景观特征与平地相比，主要表现为三个方面：一是变化性，地形的高低起伏，使空间任何一点都具有三维量度的变化，使城市空间景色层次丰富且又富于变化；二是流动性，山地多富于流动性，城市空间随地形起伏，容易表现出强烈的韵律和动感；三是方向性，由于坡地的坡向决定了城市空间较强的方向性，使得凸地形具有较强的放射性，而凹形地形则有较强的向心性。在组织城市景观轮廓线时须考虑到这些优势特性。

例如，利用地形高低来烘托建筑的气势，把建筑摆放在高地上，或把主体建筑、构筑物建在山顶上，使其视野开阔，居高临下，更具气势。其他的建筑也由下向上布置，这样就能使建筑与自然景色浑然一体，形成突出的空间效果。如图 1–15，城市沿坡地逐级向上，方向性很强，高层建筑置于坡顶，更强调了地形的起伏与轮廓线变化。

图1–15 旧金山城市轮廓线
（资料来源：孙成仁，《城市景观设计》，1999）

我们须注重对山地景观价值的充分利用。例如，利用其作为城市远景透视和背景，将与城市毗邻的延绵山峦组织借景到城市空间中来，但应适当留出景观走廊，避免高大建筑物遮蔽视线，让人们在城市的一些景观节点、景线上能观望到周围或远处的山景。如城市周围连绵起伏的山峦与城市建筑相互形成的轮廓线；远眺山体建筑轮廓线等会为城市景观增色不少（图 1–16）。

山地城市，除了尽量保留山体的自然美形象、构成城市佳景外，还要注意按自然地形来布置建筑和空间，塑造建筑及构筑物高低错落、鳞次栉比的轮廓景象。山脉和陡坡可成为城市良好的轮廓线，如将山脉作为城市背景；或者将建筑按照山势布置，也可形成高低起伏且和谐的轮廓线。

（2）建筑轮廓线

在城市中，单独建筑体或连片建筑群的外形与天空或山峦背景产生交界线

图1–16 卢森堡城市轮廓线
（资料来源：段进，《城市空间发展论》，1999）

图1-17　现代城市建筑轮廓线

图1-18　林冠线与建筑轮廓竖向对比结合形成起伏错落的完美轮廓线示意图

形成建筑轮廓线（图 1-17）。它们可以直接构成高低起伏、错落有致的城市天际线，也可以与山体、植物共同构成城市的景观轮廓线，或有作为补景与山林共同构成美学形式上的对比景观。

如图 1-18，从美学角看，左图中的山体与植物共同构成起伏的轮廓线，但线的延伸以水平方向为主,而缺乏垂直方向(竖向)上的对比。右图则增添了矗立的白塔建筑，强调了竖向轮廓的视觉效应，从而使该张图片中的轮廓线构图形成高低起伏错落有致的优美轮廓线条。在古代的城镇中，常在建筑群或四周山峦上，或村口、或水口山处，均可以这种形式来修景和补景，以加强和突出轮廓线效果。

建筑物是城市中最常见、最多见的人文景观，也是构成城市景观最重要的因素，它在景观塑造中起着多方面的作用。例如作背景、屏障；组织、控制、统领景观；强调景观特色与形式等。因此，城市中建筑景观美的创造，应从整体出发综合考虑。

总体上城市建筑物可分重要建筑和普通建筑。重要建筑一般是指大型公共建筑物、纪念性或历史性建筑物，它们在城市建筑群中起中心作用，常为视觉的焦点。在城市空间环境设计中，建筑实体本身主要起着制造空间或占据空间的作用，常常位于重要地段或显要位置，以显示它们的存在及其影响力。因此，它是我们研究城市轮廓线的主要对象。首先，要研究建筑高度与形体对景观的影响，包括对天际轮廓线的影响，对城市空间结构的影响，以及与环境协调等;其次，要求结合大量的街区建筑物的布置，形成尺度与体型上强烈的对比，使景观富于变化，要避免采用过大的建筑尺度造成视觉上的不舒适感；其二，要求反映出城市的个性与风貌，要求质量要高，且能较长久的保存下来。

城市中绝大多数建筑属于普通建筑，也即街区建筑，这些建筑常常是由几种基本模式重复地、呈地毯式布置，形成街坊或组团。这类建筑在景观意义上主要在于组织好它们的布局，起好基调作用。它们可以用于围合、完善空间环境，点缀重要建筑物，也可以组合成一定的街区风貌。

在布局空间较好的城市中，重要建筑和普通建筑在城市中的比例一般是 1 : 10，而且普通建筑占建筑总数的 90% 以上。那么城市中应该是绝大多数的建筑负责制造空间，只有少数真正有价值的重要建筑才可以占据空间。

但是，对于高层建筑或者大体量建筑集中的区域，路网规划要适度规整，用地的形状也要适度的规则。因为这时对建筑的处理变化比较丰富，以使在变化的空间中表现出一定的秩序，否则难以取得统一协调。

城市建筑景观的特性表现，也是我们设计师需要重视的。从景观角度而论，孤立的一幢建筑只能称为一件建筑作品，而将数幢建筑放在一起，就能获得一种艺术的感受，群体建筑给予人的这种艺术感体验最为明显，因此要注意这种景观连续性的特性。由于城市中的建筑基本呈群组出现，因此当人们运动于城市空间中，可以感受到建筑在方向和形式上是连续的，即城市建筑给人们的是一种动态连续的画面。比较好的城市景观，随着人的视觉转换，也能够展示一幅由连续的画面构成的景观长卷。

另一方面，城市建筑以天空为背景时所显现的“图形”即为建筑的轮廓线，它对于创造城市景观起着十分重要的作用。对于建筑轮廓线，不太强调单体，而是注重它们的组合效果。现代城市的轮廓线许多都不令人满意，有些建筑本身虽好，但它们“拥挤”在一起时，则互无关联或互相妨碍，常常构成了杂乱无序的轮廓线（图 1–19，图 1–20）。在许多城市，由于不重视对自然景观元素的优化利用，新的建筑又常常破坏了原有生动与优美的轮廓线。因此，我们应该强调建筑应对城市景观做出积极贡献，而不是消极的破坏。

图1–19　散乱的轮廓线

图1–20　建筑与山体不协调的轮廓线

（资料来源：夏祖华等，《城市空间设计》，1992）

因此，我们在进行城市设计时应该注意几个方面：

一是要重视建筑屋顶对城市景观的影响。屋顶，是建筑墙面向上的延伸，也称建筑“第五立面”，即建筑屋顶面。屋顶的美学功能在建筑创作中必须受到重视。它在各个时代以及各个国家和地区表现出不同的特征，能够充分体现地区特色与城市风貌，具有强烈的象征意义和审美价值，无论是在中国，还是外国，许多精美的古典建筑，其屋顶轮廓反映着人们对天的认知与亲和方式。装饰的曲线，漂亮的屋脊轮廓，与天空相映衬，建筑耸立在苍穹之下，以天空为背景，建筑与天空融为一体（图 1–21）。

二是，在现代城市建设中，屋顶轮廓往往比较平淡，大多是板块式建筑以及他们生硬的轮廓线，而这些轮廓线往往破坏了环境的整体性，使得建筑与天空完全隔开。这种板式建筑不仅会破坏轮廓线，在城市空间中，尤其是山城空间，它还会遮挡人们较多的视线（图 1–22），所以在城市中应尽可能避免板式高层建筑。图 1–23 中反映了现代建筑集中的区域几乎没有板式建筑，都是点式、岛式、方形，建筑屋顶形式变化多样，建筑轮廓线必然优美丰富。

著名建筑学家伊利尔·沙里宁对这个问题曾经有很深刻的论述：“如果把建筑史中许多最漂亮和最著名的建筑，重新修建起来，放在同一条街道上，如果只是靠漂亮的建筑物，就能组成美丽的街景，那么这条街将是世界上最美丽的街道了。可是，实

图1–21　与天空融为一体的建筑轮廓线
（资料来源：田银生，《建筑设计与城市空间》）

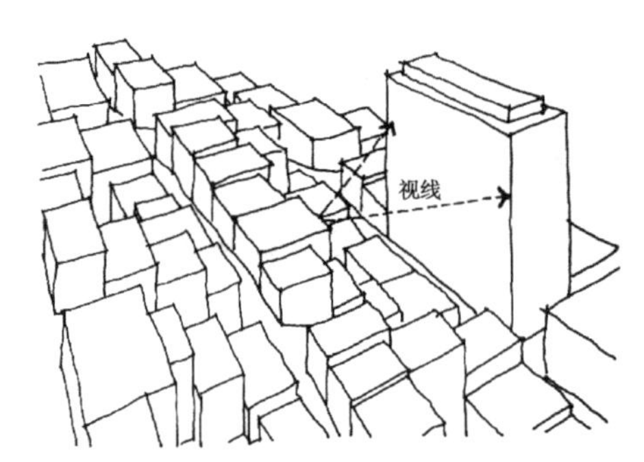

图1–22　板式高层建筑遮挡视线
（资料来源：金广君，《图解城市设计》，1999）

图1–23　纽约曼哈顿海滨建筑轮廓线
（资料来源：田银生，《建筑设计与城市空间》）

际上绝不是这样，因为这条街道将成为许多互不相关的房屋组成的大杂烩。如果许多最有名的音乐家在同一时间演奏最动听的音乐——各自用不同的音调和旋律进行演奏——那么其效果将跟上面一样。我们听到的不是音乐，而是许多杂音。”这段话真可谓是强调建筑秩序关系重要性的经典片段，它十分形象地表明了建筑有序组合与城市景观的密切相关。

（3）林冠线，由单独的树形或成片的树林、树丛构成的立面的外轮廓线，是树冠与天空的交际线。优美动感的林冠线是植物景观的一个重要方面，用它进行造景常常以树丛（林）形式呈现波浪起伏的景观轮廓线表现最佳。林冠线还可以与建筑或山体一起配合构成天际的轮廓线（图 1-24），也常用来弥补地形和建筑轮廓线的不足，对地形和建筑轮廓进行修景处理。风水文化中作为背景山的“靠山”不足，常需要用种植山林的办法做弥补“靠山”以“壮山”，以及在山地地形凹陷缺陷处进行补景、修景（图 1-25）。可以根据造景需要，种植不同高度的植物，构成变化适中的林冠线；也可以利用地形高差变化，布置不同的植物，以获得高低不同的林冠轮廓线，配合建筑形成城市轮廓线。

（二）城市轮廓线表现组合

以上讨论了城市天际线的构成及其特征。但在不同的城市景观表现中，由于地理环境和地域条件的不同，组成城市廓线元素的性质、特性、规模、比例都不尽相同。有山地为主的环境、山水结合的环境、植物生态型环境，有平原地区建筑群为主的环境等城市景观组合。根据不同的地理条件和山水格局，我们可以尽可能地利用本地区独特的山水生态等自然资源，通过精心地组合与打造，构建独具一格的优美城市景观空间。但是值得注意的是，构成城市轮廓线的元素中，其各自的特性有所不同，我们必须慎之又慎，充分合理地加以利用，使得它们构建的轮廓线景观达到最佳效果。要做好城市轮廓线，不是一件容易的事情，必须做好建设前规划设计工作，仔细认真地研究构建元素，研究设计工作稍有不慎，就可能造成失误而留下终身遗憾。我们必须特别注意以下几方面：第一，山体的特质为自然硬质景观，具有不可变性，其形态会长期保持一定的稳定性，对它的景观特点和可能的景观效果，要有预见性，尽可能注

图1-24　树林建筑共同组成轮廓线

图1-25　树林线对缺陷地形轮廓进行补景、修景

意一次性利用到位；第二，建筑形态尽管不如自然山水格局那样长久不变，但属于人工硬质景观，其形态也具有物质长时间的不变性，而且还有经济成本的限制和影响，不可轻易地建设或销毁重建，它们的形象一旦形成，也就难以改变和调试，因此必须注意对建筑形态的选择和设计，要首先结合山水格局加以考虑和安排。因次，在展开城市建设之前，就应该切实做好城市空间规划与城市空间设计，综合考虑城市自然山水、生态、风景、人文化景观等分布状况和特点，并以此作为指导建筑布局和形态组合，最后才能形成真正完美的城市轮廓线景观；第三，对于城市生态植物的分布，例如林带、城市森林、城市园林公园等，它们属于软质景观，具有很好的可塑性。应该说他们是三大城市轮廓线塑造元素中，最方便且实用的轮廓线造景元素，因此一定要充分的加以利用。它的可变性、可塑性可以为山水建筑轮廓景观进行一定的补修。城市天际轮廓线组合类型及其特征见表 1–1。

城市天际轮廓线组合类型及其特征 表 1–1

轮廓线组合类型	表现特性	轮廓效果示意
天际＋山形轮廓	天空与山峦交界线 构建山水、山地城市轮廓重要元素 具不可变性 高山可观，小山可补 是不可多得的景观优势	
天际＋树冠轮廓	天空与树林交界线 适合平地城市构建园林景观轮廓线 具造园造景可塑性 可与建筑或山体组合 可修景或补景	
天际＋建筑轮廓（平原）	天空与高层建筑群交界线 适合平地城市构建建筑景观轮廓线 具有城市高层建筑景观分布及布置空间和高度要求	
天际＋单层次建筑轮廓	天空与单个层次建筑群交界线 适合城市构建高层建筑某一立面的景观轮廓线 具有城市高层建筑景观分布及布置空间和高度要求 注意建筑立面轮廓线连贯性高低起伏错落有致 注意配合山水关系	
天际＋多层次建筑轮廓	天空与多区、多层次建筑群交界线 适合城市构建多层次、多空间效果建筑景观轮廓线 具有城市高层建筑景观分布及布置空间和高度要求 须注意分区布置建筑轮廓之间的美学对比关系 注意配合山水关系	

续表

轮廓线组合类型	表现特性	轮廓效果示意
天际＋建筑轮廓＋树冠轮廓	天空与建筑群、林冠交界线 适合城市构建多层次多组合综合景观轮廓线 适合多层建筑或小高层建筑于树林之间的景观组合 注意硬质景观与软质景观的美学法则对比关系 注意配合山水关系	
天际＋山形轮廓＋建筑轮廓	天空与山体、建筑群交界线 适合山水城市构建多层次多组合综合景观轮廓线 注意与山体、河流配合运用	
天际＋山形轮廓＋林冠轮廓	天空与山体、树林交界线 适合山地滨水城市边缘构建多组合山林景观轮廓线 注意塑造远景与借景 注意与风景区、山林寺庙建筑以及河流配合运用	
天际＋山形轮廓＋建筑轮廓＋树冠轮廓	天空与山体、建筑、树林交界线 适合盆地、低山、滨水城市构建多组合、多层次、多空间的景观轮廓线 注意塑造远近结合的借景手法运用 注意与风景区、山林寺庙建筑以及河流配合运用	

（三）城市轮廓线的控制

有人认为城市的轮廓线"是城市生命的体现，是潜在的艺术形象"。它的最大魅力在于建筑群顶部之间错落比例和谐的配置所构成的近似于音乐般的节奏和韵律。也即是说，在城市空间轮廓线的塑造中，建筑建设毋庸置疑地起到了主要的作用，它可以说是城市空间形态的主体，也是主角；而山体和植物则成为它的配角，与建筑共同构成城市的风貌。

因此，大都认为城市的轮廓线不仅能反映出城市的整体风貌，给人以完美的形象，还能显示出城市文化与城市建筑的个性。

如图 1-26A，为一座历史古城，呈现中间低四周高的凹形轮廓线，它城市中心的核心地区全面地保留着历史建筑群的精华，鲜明地显示出历史名城的景观特色。

图 1-26B，城市建筑群呈现中间高周围低的轮廓线，中心地区建筑构成"冠"的构图中心；而图 1-26C 中的城市反映出高层建筑交叉布置形成的高低起伏多变的轮廓线。后两者都显示出商业性和生产性城市的空间特色。

除城市的主轮廓线外，城市各水、陆、空主要入城口岸的轮廓线，对城市景观的

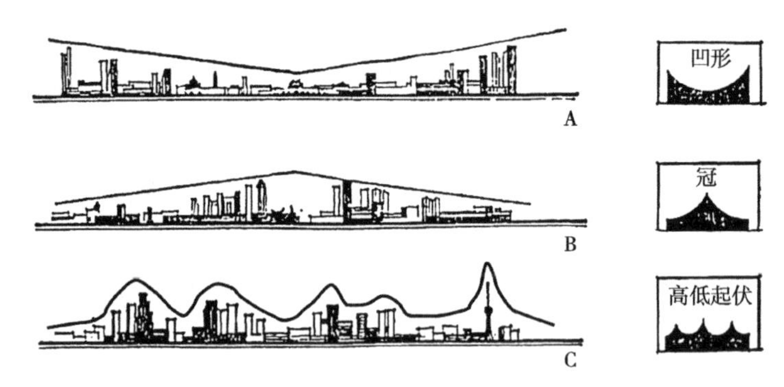

图1-26 城市轮廓线比较

（资料来源：徐思淑等，《城市设计导论》，1991）

影响也很大，常给人以第一印象，为人们提供最大的信息与感受。如上海，由水路进入口岸时，外滩的轮廓线最富有特色，它高低起伏，抑扬顿挫，利用开阔的黄浦江的水平线条与外滩的建筑物构成一幅富有特征的画面，是人们长期以来认定的最主要的城市标志之一（图 1-27）。

重庆市朝天门临江段也是长江入城口岸，轮廓线比较优美（图 1-28）。可见，优美、动人的城市轮廓线十分令人赞叹。

图1-27 滨水城市轮廓线示意图

图1-28 依水城市轮廓线示意图

城市轮廓线的确是城市景观形象和风貌的具体体现，在城市设计中尤为重要，通过我们上面的讨论，已深知要做好城市轮廓线的难度以及精准的设计思路何等的重要。因此，我们针对城市轮廓线的设计，首先要做好专业设计诸多方面的技术控制，而不是盲目地将建筑群凑到一起。我们必须预先根据城市用地的布局，科学地考虑在城市中高层建筑的布置，地形的影响，建筑高度的合理控制等方面因素的综合影响，才能为我们进行城市整体空间设计，创造美好的机会。

有学者研究认为，城市轮廓线是由天空、山体、建筑、植被、水面等综合的关系作用与组合来完整体现的。然而，在城市规划与城市设计中，除了利用稳定的山体和可塑的植被来配合城市轮廓线的塑造，我们更多的是利用和依靠构成城市空间的主体——建筑物来重点体现，特别是高层建筑。因此，在现代城市设计中必须注意高层建筑布置对城市轮廓线的影响：

（1）高层建筑布置对城市轮廓线的影响

当建筑采用相仿的高度，彼此间距须保持适当，并可组成较松散的构图，如图 1–29A；高层建筑聚集在一起布置时，可以形成城市的“冠”。但为避免相互干扰和攀比，可以采用一系列不同的建筑高度布置，如图 1–29B；若高层建筑彼此之间毫无关系，随处而起，过分松散，缺乏向心凝聚感，则不会产生令人满意的和谐轮廓线，如图 1–29C；高层建筑的顶部不应雷同或少雷同，否则会极大影响轮廓线的优美感，如图 1–29D。

（2）重视地形对轮廓线的影响

平原城市的轮廓线主要依靠建筑物构成，如图 1–30A；但山地城市的轮廓线在很大程度上要受地形的影响，如图 1–30B。但山上不宜安排大量的建筑，会掩盖或阻断自然景观，破坏城市特征，可在山顶建设挺拔的建筑以加强山的形态，并保护景观。

因此，处理建筑轮廓线与山体轮廓线的关系通常作以下考虑：

如图 1–30C 所示，当建筑轮廓线低于山体轮廓线布置，此种景观为最佳。从图 1–31 中我们注意到，此时是远山构成城市的天际线和背景，在高低起伏的曲线上，城市本身的外轮廓线也应该是高低起伏、错落有致的相互呼应，才能取得整体轮廓

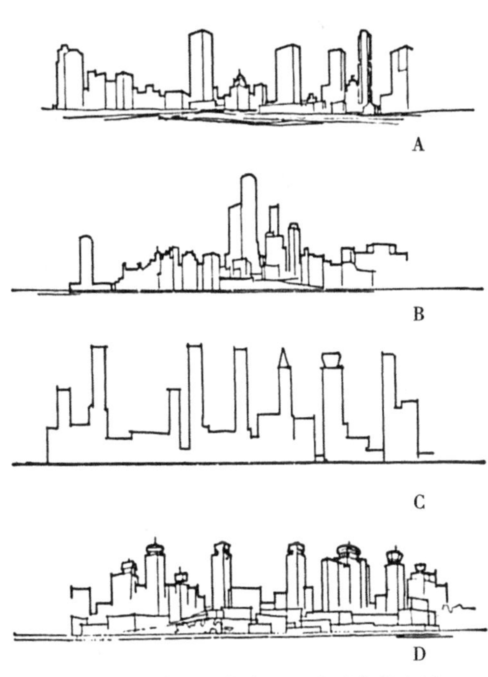

图1–29　高层建筑布置影响城市轮廓线
（资料来源：徐思淑等，《城市设计导论》，1991）

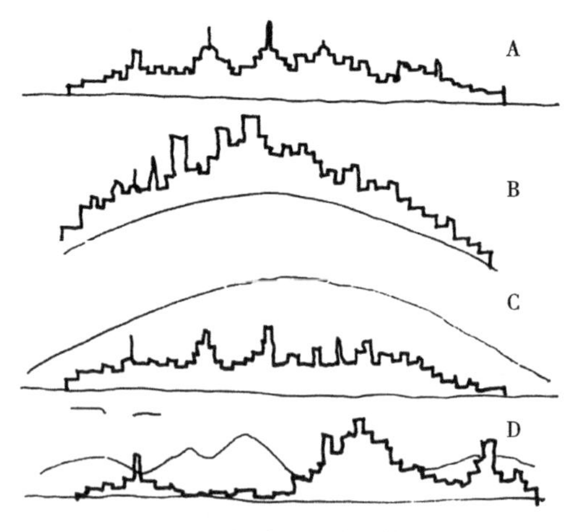

图1-30 轮廓线与地形的关系
（资料来源：金光君，《图解城市设计》，1999）

线的协调，否则也会使得建筑与山体产生冲突。如图 1-32 中建筑与山体的关系，尽管山体轮廓高于城市建筑轮廓线，但因为建筑轮廓本身既无生气，高度均平，轮廓线无错落起伏，呈一平淡呆板的直线将山体横切。

图 1-30D 所示，当建筑轮廓与山体轮廓交叉起伏，即二者形成互补的天际线轮廓时，景观表现较为良好（图 1-33）。

若建筑轮廓线高于山体轮廓线，景观效果就不甚理想。若不是山地城市特殊的将建筑依山而建，步步升高，就可能因为大片的建筑群高过山体而忽略了山体自然元素的存在，没有充分地利用好山水资源，还容易造成山顶与建筑高度太一致或建筑集中在山顶，且建筑高度雷同整齐，轮廓线则会显得单调、乏味。但如果能在建筑群中安排少量高建筑物，即可使轮廓线产生起伏变化，打破单调感，才能起到加强山势的

图1-31 远山构成天际线和背景，建筑轮廓低于山体轮廓
（资料来源：http://www.sohu.com/a/43447532_184627）

图1-32 山体与建筑冲突的轮廓线

图1-33 建筑与山体轮廓交叉形成互补

作用。但必须注意，因为当大体量建筑作为小体量建筑的背景时，或作为轮廓线的主体时，往往会产生破坏性效果。高建筑的体量不能太大，细长为好。

城市轮廓线景观的设计，最忌讳建筑轮廓线与山体轮廓线近似或接近同高。既浪费了景观资源，又严重缺乏城市风貌特色和城市艺术的美感。

对于山城来讲，其轮廓线往往是山形与建筑的叠加，如图 1-34 为重庆市的城市轮廓线。有时为了充分利用山形突出中心建筑，可在山顶建立高耸巍峨的主体建筑。如古希腊雅典卫城、西藏拉萨的布达拉宫（图 1-35，图 1-36）。

图1-34　建在山地的主体建筑轮廓线
（资料来源：徐思淑等，《城市设计导论》，1991）

图1-35　雅典卫城远眺

图1-36　西藏布达拉宫

（资料来源：王建国，《城市设计》，1999）

第二章

城市轮廓线的 A-V 效应

第一节　建筑与音乐

德国诗人歌德曾经说："音乐是流动的建筑，建筑是凝固的音乐。"由此，便开启了人们对建筑和音乐之间关系的探索和分析。

其实，称"音乐是建筑"，是从音乐美学形式上的表现，是指音乐各要素间的组合，通过音与音之间的垂直关系及其在立体空间上表现出来的可视性特征给人的直观感受；而"音乐流动"则是指音乐的组成元素表现出节奏、旋律有规律地演进而带给人们心理感受和情感效应，使得音乐成为可"流动的建筑"视觉形式，如五线谱的直观音乐特性表达。

在建筑师眼里，"建筑是音乐"主要是从城市层面形容城市建筑构造出的每一个细节，如同音乐谱写出的旋律一般。它的内涵其实是指具有宜人的建筑空间尺度和环境的和谐关系，既考虑建筑属性、体量、高度以及建筑形体的大小组合与排列、错落有致、高低起伏；也涉及建筑线条、色彩、质感等美学多方面因素组合的视觉感受与艺术形态的综合显现。其原理是以音乐的可视性形式来构建建筑的视觉形态，使其感受到和谐的尺度、美学的几何形态与线条勾勒出的旋律优美的轮廓曲线，营造出一种音乐的视觉感受氛围。

美国著名建筑师赖特，极其崇尚自然，提倡应该让建筑顺应自然，而且有如美好音乐一般的优雅、舒适的感受，他评价音乐家贝多芬是"以音乐作为语言的伟大建筑师"，他也受音乐启发，创作出了流水别墅、纽约古根海姆美术馆以及东京帝国饭店等著名的建筑作品。他在自传中写道："我对贝多芬的所有钢琴奏鸣曲都耳熟能详，就像日后我熟悉他的交响曲和四重奏那样。当我构思建筑的时候，时常会有他的音乐在我脑海中回响。我相信，当贝多芬创作的某些时候，会有建筑浮现在他眼前。无论那些建筑是怎样的形式，它们具有和我的作品相似的特征。[①]"

德国诗人歌德曾经在米开朗琪罗设计的罗马大教堂前广场的廊柱内散步时，深深地感受到音乐的旋律（图 2–1）；我国建筑大师梁思成曾经也为北京天宁寺辽代砖塔的八面塔身与各面巨大的人物形象和均匀分布的神兽关系立面形成的渐变韵律和节奏提出了乐章的认识和看法，他还发现了颐和园长廊显现出来的和谐的节奏和韵律（图 2–2）。

欧洲文艺复兴时期的建筑学家阿尔柏蒂说："宇宙永恒地运动着，在它的一切动作中贯穿着不变的类似，我们应当从音乐家那里，借用和谐的关系的一切准则。"

我们可以认为，音乐是一种视听艺术，它主要在流动中来展示一种美。而建筑是

① 引自《一部自传：弗兰克·劳埃德·赖特》（第五卷）

图2-1 罗马大教堂廊柱韵律
（资料来源：http://blog.sina.com.cn/awaitingfo）

图2-2 颐和园长廊节奏韵律
（资料来源：http://blog.sina.com.cn/awaitingfo）

一种空间艺术，通过其形体、结构、空间、色彩、质地等在空间的组合排列中展示美；音乐是通过音的高低、长短、强弱等组合的艺术形象来表达出优美的旋律。但同时建筑的形态与音乐的可视性表现也都可说是一种形象艺术，他们都具有组织元素来形成艺术形象，表现视觉情感，均按照各自规律和审美，既满足人们的空间生活需求又符合人们的审美需要和艺术欣赏。

因此，“音乐是流动的建筑”“建筑是凝固的音乐”这两句富于哲理的隐喻，形象地表达出音乐和建筑之间内在与外在的密切关系及共通的美学信息。如一个是空间的流动艺术，一个是音符的流动艺术；建筑设计讲究多样与统一、对比与和谐、比例与尺度、节奏与韵律等形式美学法则，而美好的音乐是将感受、创意与塑形的内容音乐化的最终表现，它虽然在时间流动中不停地演奏，但内部却有严谨的结构和形式，其组构按照旋律、节奏、音调和叠加的规律流动，即符合形式美的艺术法则[12]。音乐与建筑都运用数比律，它们彼此的和谐都源于一定的数量比关系。

作为一名建筑师，如果能更多地了解一点音乐知识，全面提高自己的艺术素质与修养，定会在建筑创作设计中获得更大更多的自由，得到更为有益的启迪和奇妙的灵感。

贝多芬在创作《英雄交响曲》时，就曾受到巴黎某些建筑群的启示。建筑单体和群体通过一定规律和韵律般的组合，便能给人们留下音乐节奏和韵律的视觉美感。建筑空间序列的展开既可以通过空间的连续和重复表现出明确的节奏，也可以通过高低、起伏、虚实、远近、间隔等有规律的变化，表现出抑扬顿挫的韵律，好似一首乐曲中的序曲、扩展、渐强、高潮和休止，能给人一种悠扬、荡漾、舒缓而心动的旋律感受。

北京的故宫，从正阳门、端门、午门、太和门到太和殿、保和殿、中和殿直到景山，沿长达七华里的中轴线展开，十几个院落纵横交错，有前奏、有渐强、有高潮、有收

图2-3　故宫建筑群表现出的错落有致的轴线韵律
（资料来源：http://blog.sina.com.cn/awaitingfo）

束，几百所殿宇高低错落，有主体、有陪衬、有烘托，雄伟壮观的空间序列俨然一组“巨大的交响乐”。站在景山顶上俯视北京故宫建筑群时，沿着中轴线上我们可以看到中国古建筑中交响乐的主题旋律和对位法（图 2-3）。

一些著名学者、美学家、建筑家，如古希腊数学家毕达哥拉斯等研究发现，各种不同音阶的高程、长度、力度都是按照一定的数量比例关系构成，他们把这种发现运用到建筑上，认为建筑的和谐也与数比有关。当建筑物的长度、宽度、体积符合一定比例关系时，就能在视觉上产生类似于音乐的节奏感。如著名的德国作曲家罗伯特·舒曼在创作乐曲时，常常有意或无意地受到建筑艺术的影响，它在自己的《第三交响》曲中曾想在乐曲中表现科隆大教堂外貌的壮丽雄伟。对此，柴可夫斯基曾说：“伟大的音乐家在大教堂绝顶之美的感召下写成的几张谱纸，就能为后代人树立一座刻画人类深刻内心世界的犹如大教堂本身一样的不朽丰碑。”

黑格尔曾以古希腊建筑三种格式石柱的美为例，由于台基、柱身和檐部的体积、长短以及间距的比例不同，而形成庄重、秀美、富丽等风格区别，这就仿佛乐曲中的歌颂、抒情曲和多声部的合唱一样。这正说明了音乐与建筑都具有一种数比美。

第二节　城市轮廓与音乐

一、城市街景轮廓的韵律特征

在城市中，通常的一种景观轮廓表现主要是指构成城市街道的建筑立面景观，它也极其容易被人们直观地认知和直接地感受。城市街道和道路是一种基本的城市线性开放空间，它既承担了交通运输的任务，同时又为城市居民提供了生活的公共活动场所。街道虽然综合了道路的功能，但它更多地与市民日常生活以及步行活动方式相关，如生活性道路、步行街等，它的空间由两侧建筑所界定，具有积极的空间性质，与人的关系密切。所以，街道普遍地被看成是人们公共交往及娱乐的场所，也就成为景观规划设计的主要对象之一。

（一）街道空间流线

城市街道是穿越城市的运动流线，是提供人们认识城市的主要视觉和感觉场所，也往往是城市景观集中反映的场所。

街道空间是由两边建筑所界定而构成的城市空间的主要部分；而空间的连续性是城市建筑景观重要的特性之一，好的城市景观，其城市建筑和城市空间变化都讲究连续性。这种连续性常常依赖于街道的时空变化，需要通过街道的连续变化建立起建筑与空间的秩序。因此，进行街道设计时，必须考虑其段落、节奏、高潮、尾声等的变化处理，着眼于一系列变化形象的创造，为人们提供美好的视觉转换，培养情绪、气氛，给予方向感等。这样才能构成空间或建筑“不断变化的连续的画面”，形成良好的街道景观，而充满丰富美丽景象的街景对于人的吸引力往往是较大的。街道为人们的运行活动空间提供了轨迹，当人们运动其中，便使所有景物都处于相对位移的变化之中。这种由于视点的变化而产生视距和形象的变化，使其景观更具有广袤性、复杂性与趣味性。这就是人们动态观赏街道景观带来的步移景异的效果。直线型街道景观效果较为直接；而折曲型、起伏型街道景观就更富有变化，会令人仿佛走在一个连续的内空之中，趣味性更强（图 2–4）。

因此，城市街道景观是构成城市景观特色的重要一面，它既可以作为城市主要景观的对象，又是城市景观的窗口，还可以成为景观的视觉或视线走廊。

从街道的平面布局到空间的构成角度，街道景观主要由天空、周边建筑和路面要

图2–4　城市街道建筑群富有节奏的起伏变化形成的空间流线

素构成。天空变幻，四时无常；此时的街道路面则起着分割或联系建筑群的作用，同时也起着表达建筑之间的空间作用。从街道两侧建筑的形体和空间环境秩序连续性所构成的街景，须注重节律变化。可将其视为一首乐章，要有序曲（街头、过渡）——高潮（重点）——尾声（街尾），形成富有变化的韵律，决不可采用平铺直叙的均匀布置，那样会使街景平淡无奇，单调乏味。在组织空间系列上，街道应有一个完整的空间组织结构，形成一个由前导——演进——高潮——后叙空间组成的有起伏、有节奏的空间序列，与音乐交响乐曲如出一辙。

（二）街道建筑轮廓线

街道两侧的建筑物是街景的主要表现对象，其立面形式、高度、细部处理、具体布置等方面都会对街道景观产生影响，是其设计重点。

从街道景观设计这个问题的讲述中，我们可以十分清楚地看到建筑物在街景的塑造中的重要作用。将建筑比喻为凝固的音乐尤其适合于街道空间，线型街道犹如乐章，建筑单体视为音符，要将其组成完美动听的旋律，必须进行有机组合，使人们在街道上随着视点和视线的连续变换，产生类似音乐感的动态效果[10]。肯定地说，一条有序而优美的街道建筑群，其高低变化、进退节律必然合于音乐旋律的优美，恰似一首欢快的舞曲。如图 2-5 根据音乐家莫扎特《旋律》所对应的街景立面轮廓图，显现出在悠扬的旋律图示化后的建筑轮廓，高低起伏，错落有致，难怪世上许多学者描述“建筑是凝固的音乐，音乐是流动的建筑”。反之，无序的噪音似的街道建筑群组合，是不可能优美的。

二、城市整体空间轮廓的韵律特征

根据音乐家和建筑师们对“建筑与音乐”关系的共识，不难看出人类自古都在追求艺术的美且感受艺术。然而上面所谈论的建筑和音乐的内容，实际上是艺术家们在

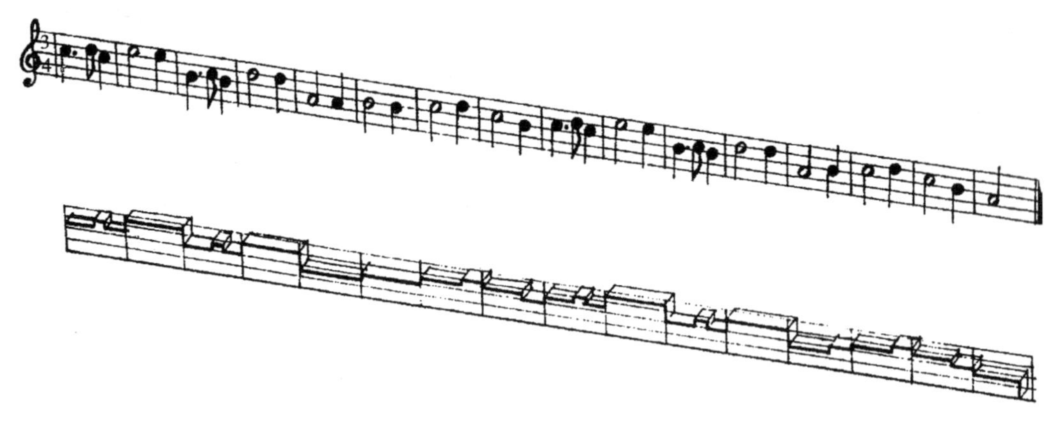

图2-5　莫扎特《旋律》对应的街景立面轮廓

（资料来源：亢亮等，《风水与城市》，1999）

意喻音乐和建筑的关系演绎，犹如我国古代的俞伯牙与钟子期那段古曲弹奏中所表现的出来的“高山流水”的意境，从而觅得知音。而国外的音乐家则将建筑壮丽与雄伟的意蕴融入于钢琴曲之中，皆有异曲同工之妙。其实，关于“音乐是流动的建筑，建筑是凝固的音乐”的描述，意思即是在音乐创作里面含有建筑的形象表现，从而以旋律的形式表达出来。

所谓建筑是音乐，其实是以建筑来喻指音乐旋律形式美的构图中，音乐各要素之间的一种组合关系。乐理中的音程，意思为两个乐音之间的音高关系（常用“度”表示），它的高低是通过建立音与音之间的垂直关系类似建筑而给人以立体的视觉空间感受。而所谓音乐是流动的建筑，是指音乐的内容构成，其节奏和旋律通过听觉与心理感受，激发人们在生活中类似的情感反应与共鸣。正是这种情感效应，使得音乐突破时间和空间局限，成为“流动的建筑”视觉效应。此种像音乐般的建筑形象如同音乐一样，具有城市优雅的人文情怀。

从某种意义上讲，“建筑是凝固的音乐”即是从宜人的建筑空间尺度和宜人的视觉景观效果需求出发，既考虑建筑的形态、体量、高度，又须考虑建筑物与环境空间景观以及人的视觉和心理感受的和谐联系。而且建筑形体的大小错落和高低起伏、空间布局、虚实疏密、刚直柔顺、色彩材质、景观与生态方面都是对城市建筑品质和美好生活的追求与希望。

然而，我们的研究还不仅仅是从建筑单体或群体的街景立面出发，而是利用“建筑是凝固的音乐”的比喻，升华到将音乐旋律采用数字化后的可视性特征效果，来反映和表达一座城市整体空间建筑群体所构成的优美形态及其轮廓景观。

图 2–5 中莫扎特《旋律》五线谱仅仅是专家们对照出了一个建筑群的立面，仅仅对应了城市街道的立面轮廓。而我们接下来的研究，更是针对城市的整体空间的轮廓组合，反映的是城市的整体风貌形象。城市的空间构成较为复杂，有建筑、树林、山体等元素，具有很多的轮廓类型和形式，而不仅仅局限于城市街道。因此，我们需要研究影响城市风貌特征的这种复杂组合的轮廓线，然后将这些类型反映到“五线谱”，形成音乐旋律的轮廓，看它们各自形成一首首动听的城市轮廓音乐，或许同样具有优美动听的旋律感受。通过进行采集和作图分析发现，若一首符合造型艺术形式美法则的优美乐曲，必然就会具有优美的音程所构成的可视曲线轮廓。同理，按照这种音乐曲线构建的建筑轮廓线也比较优美，这样反映出的建筑立面，错落有致，高低起伏也比较合理，视觉效果也就比较好。因此我们就可以利用这样的技术手段和分析方法将音乐变为视觉的效果展示出来，或将建筑造型轮廓转变为音乐旋律演奏出来，也便于更好地进行城市空间的景观设计。

城市整体空间轮廓，不同于城市街道建筑立面屋顶轮廓线的单纯起伏变化。它不容易在人的线形运动行为中对景观进行动态的连续变化的视觉感受，而是人们通过城市中的一些带状空间，城市边缘如滨水河湖两岸地带，城市边缘山林以及城市中心一些开场空间，如广场公园及历史文化景观节点等来展现城市空间优美的变化。它需要从城市整体空间中山水建筑秩序的多元素多层次组合中来综合体现复杂而优美的轮廓形态。因此，对于城市空间轮廓的视觉感受，从多维空间而且多角度、多视点、多层次的艺术体现方面，往往更能产生震撼的城市形象效果。要对城市空间轮廓进行全方位的展示，就要根据城市空间形态的整体组合，选择不同的视觉感受的点、线、面景观节点，才能完整地体现和突出城市形象。我们在进行城市设计的过程中，必须充分考虑城市的空间布局，考虑城市历史文化风景名胜时代特色及自然山水格局等综合因素，合理规划城市空间，精心城市设计，控制建筑形态与高度，在城市整体空间上创造出优美的轮廓线，突出城市的优秀风貌和形象。让轮廓线不仅是一首街景组成的、优美流畅动听的音乐，更是一首华美震撼的和声交响乐章；它不再是城市中几条街道的线形轮廓线，而是整座城市轮廓线演奏出的大合唱。

第三节　A–V 效应分析原理

一、A–V 效应及其含义

A–V 效应，是指将音律与视觉结合产生相互作用后所形成的一种具有可视轮廓曲线的图形表达效果，可有 A–V 和 V–A 效应两种形式。其中，A，意即 Audio，词义为音频信号或声音[①]。我们在这里用它表示音乐旋律流动与延伸的方向，反映乐曲音频信号随时间流动所表现出来的长度变化；主要用来反映城市轮廓线在立面上沿水平方向延伸以及建筑在水平方向上的间距组合及其表现。V，意即 Visually，词义为可见的、可视的；看得见的、视觉上的。我们这里用它表示音乐旋律在纵向上随高随低的高程变化，它会随着音律的流动变化不断显现出高低起伏的可视的轮廓曲线；主要用来反映城市轮廓线在立面上的起伏变化以及建筑立面形态组合构图的表现。

根据音乐旋律的音频信号具有可视性表现的特性，将乐曲的旋律经过分析处理可以得到的旋律轮廓线视觉表现过程，即为旋律的轮廓（A–V）效应；而将城市中的空间轮廓进行整体上的组合分析，而得到的轮廓线高低起伏错落流动的类似乐曲的曲谱可视形式效果，即为轮廓线的旋律（V–A）效应。

城市轮廓线的 A–V 效应，意指城市轮廓为“可视音乐”效应。A–V 效应的表现，指利用 A、V 的关系及其特征，可以在类似平行坐标图的立面图上分别定义纵向（V）

① 词义解释来源：360 百科，https://fanyi.so.com/#visual

和横向（A）所绘制出 A–V 效应关系的立面分析图（图 2–6）。

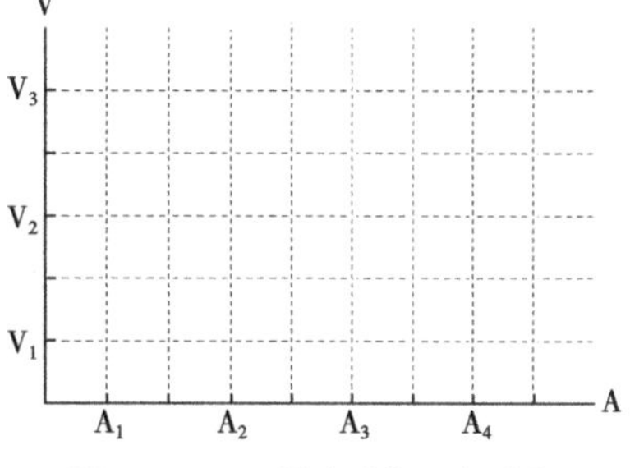

图2–6　A–V效应分析平行坐标

二、A–V 的乐理基础释义

A–V 效应的定义及其表现的研究观点与认知，源于对音乐美学、形式美学、城市设计和景观设计等相关领域专业知识的交叉融合，并在相关定义的理解与分析中获得帮助，将其综合运用到我们的课题研究之中，以获取在城市轮廓景观设计中的一种新的认识与体验。

在我们的研究中，主要借鉴乐理知识的基础概念与建筑学中的基本原理来帮助分析城市中建筑组成的音乐美学内容。因为研究的是城市建筑群体的组合空间，而且视线范围和观测节点主要以大尺度的城市空间为对象，在美学形式上的综合效果上表现出宽广而宏大的景观场景效果，因此在运用多学科知识融入的交叉分析中，吸取简单的、基础的、主要的其他学科专业知识来辅助我们的专题研究。

（1）音乐

是指由旋律、节奏、和声特征的人声或乐器、音响等所构成的乐音来塑造形象，表达人类生活情感的一种艺术。音乐分为东方音乐和西方音乐。中国古代理论基础是五声音阶，即宫、商、角、徵、羽，近似于现代音乐简谱中的 1、2、3、5、6；西方则是以七声音阶为主，即 1、2、3、4、5、6、7。通常我们认识的音乐，由七个音符组成，按固定音名称为“C、D、E、F、G、A、B”，在简谱中记为“1、2、3、4、5、6、7”，唱名为“do、re、mi、fa、sol、la、si”，即七声音阶。

（2）旋律（曲调）

是音乐的首要要素。指若干乐音经过艺术构思而形成的有组织、有节奏的序列。它是按一定的音高、时值和音量构成，且按具单声部进行，由调式、节奏、节拍等许多音乐基本要素有机结合而成。旋律可以指任何有音高与节奏的乐音序列，在听感上占有主导作用且表达某种乐思的旋律称主要旋律（主旋律）。

（3）音程

是指两个音级在音高上的距离，常称为“度”，用来衡量音与音之间听觉上的距离。它可以利用音之间高低上的差异形成旋律组合，使人们感知到不同的音乐形象与情感。音程根据其之间所包含的音级数目不同，可以形成一度、四度、五度、八度基本音程（完全音程）以及不同的和弦音程。八度以内称为单音程；超过八度称复音程。旋律就是单程在一定节拍、节奏中的表象。两音同时发出，称和声音程；两音先后发出，称旋律音程。

（4）和声

由3个或3个以上不同的音，根据三度叠置等一定的法则同时发声而构成的音响组合。和声是纵向的，旋律是横向的。有和声音程和旋律音程，和声音程是两个音同时发响所产生的听感；旋律音程是两个音分别发响时所产生的听感。同样的音程距离，和声音程与旋律音程听感上却有很大的差距。

（5）和弦

一首声乐作品都有主旋律，为让其更为生动，往往再配上一些辅助的旋律加以组合，以衬托主旋律，这种组合称之为和弦组合。在音乐和歌曲中，乐音都是以音高和音程来体现一个和弦的组合，例如一个和弦 do、mi、sol，简谱音符显示为 1、3、5，这个和弦由三个音组成。和弦是通常指同时声响出三个或三个以上不同高度的音，在1234567 音中，每个音名之间为 1 度，它们任何一个音都可以作为主音（根音）加上其上的三度的音和五度的音构成最基本的和弦，称三和弦。例如 C：1–3–5；D：2–4–6；E：3–5–7；F：4–6–1；G：5–7–2；A：6–1–3；B：7–2–4。以上七和弦均由相隔三度的三个音组成，所以称为三度和弦。

（6）音乐黄金比例

由于不同的音高反映了一定的音程尺度，也即它具备数比关系，因此就被人赋予了黄金比例的比较运用。有学者曾经研究，从音程的关系来看，通常可以在音的八度以内取到正反两个黄金分割点，它们正好是完全协和的，如纯四度（C1 跟 F4）和纯五度（C1 跟 G5）为两个优美、悦耳、和谐的音程。而在纯五度框架内再取正反两个黄金分割点，又恰好是大三度（音程是全音关系）和小三度（音程是一个音加半音关系），它们分别是大三和弦和小三和弦，也是音响最协调的和弦。中外的古人都曾做过类似的一些实验，用一根弦，三分弦长取其二，得到五度音；再三分五度音弦长取其二，得五度音之上高五度的音。这种三分弦长取其二，也就是说弦原长与截后之间的比例为1：2/3，这一数值十分接近黄金分割率。用这种方法来定律音的先后结合，犹显自然、协调，非常适合于演奏、演唱流动感旋律的单声音乐。

（7）音乐对位与和声

对位法是一种音乐的写作技法。即根据一定的规则以音对音，将不同的曲调同时结合，从而使音乐在横向上保持各声部本身的独立与相互间的对比和联系，在纵向上又能构成和谐的效果。构成对位的几个声部，若仅有一种结合方式，其相互关系不可更换者为单对位。相互关系可更换者为复对位。上下可换者为纵向可动对位，前后可移者为横向可动对位，两项兼可者为纵横可动对位。

对位与和声的特点刚好相反，和声追求纵向发展，除了一条主要的声部外，其他的声部在自己的进行中以特定的和声结构辅助这条主要的声部。对位追求横向发展，各个声部各不相同，但又要互相和谐不冲突。即采取对比复调（上下对称）或模仿复调（上下错落）的方式，构建不同的声部（轮廓层次）。

（8）音频

人类能够听到的所有声音都称之为音频。当歌声、乐器等声音采集以后，经过数字音乐软件处理，将它转变为数码信号，通过电脑设备，它可以显现出声音波形信号的图像。我们所知道的所有声音都有其波形，数码信号就是在原有的模拟信号波形上取点采样形成①。

三、A–V效应分析

（一）A–V效应的研究意义

A–V效应，是指用音乐和视觉结合的方式来解析和诠释城市中优美的天际轮廓线景观，并以此方法在城市空间规划和设计中对建筑高度进行适当地控制和更新改造，城市轮廓线更加具有音韵美、视觉美，将美妙的音乐旋律与建筑形态和轮廓线的高低起伏相结合，使其在丰富的变化中体现出更富有韵律和节奏美感的城市天际轮廓。

研究目的：通过掌握A–V效应图解法的分析原理，对城市一些主要区域和节点进行轮廓线的组合分析，并将其运用到城市空间规划中，以便在进行城市设计以及城市更新中，更加注重城市空间形态与城市风貌的建设，并在城市景观打造中起到一定的指导作用。

其研究意义:为当今现代化城市环境艺术的提升，设计与创造更多、更好、更和谐、更美丽的城市空间形象。

A–V效应的分析模式为我们提供了一种多维、多视角的观察和优化与控制城市天际轮廓线的规划设计方法，让我们在进行城市更新与改造以及城市空间设计和景观创作过程中，有了一种新的工作依据和规划思路。

（二）A–V效应视网格定义

将城市局部或大部分地区由建筑群、植物树冠与天际线共同组合形成的立面景观轮廓形象，尝试通过引入和模拟音乐的旋律并与美学构图的视觉感受结合起来进行音乐旋律的可视性效应分析，即将优美的音乐韵律转化为可视的立面构图，对应描绘出相应的曲调轮廓线，并以此借鉴从城市景观美学意义上来分析城市轮廓线的组合与构图，最终获得城市部分景观风貌区域在立面上的优美景观轮廓线的音乐旋律的艺术表现，并在一定程度上能够为城市空间规划与设计提供一定的参考。

我们的研究主要借鉴音乐和歌曲乐谱的表现，先将乐曲可视化、形态化，再模拟

① 引自百度百科：https://baike.baidu.com/item/

音乐旋律的音频数字化的高低变化进行轮廓曲线分析。我们平时记述音乐曲谱的五线谱，即是一种在立面上所表达的线段与音程、音级等高低起伏变化的直观表现，这很类似于数字音频可视化后高低变化的曲线。同样，参考简谱的音数排列与组合的记述方法，也可以根据音的数量大小在纵向上构成立面上展开的音程图形。我们将这种曲线通过分析整理以后，结合建筑模数标准要求与黄金矩形原理之间的关系，通过进一步分析，构建 A–V 效应视网格，将乐曲可视图形与城市空间中的建筑群在各个景观方位的立面上高低起伏所显现出的轮廓剪影与之重叠，从而得到一种轮廓曲线分析图。这种作图分析方法我们定义为城市轮廓 A–V 效应视网格图形分析。这种 A–V 效应视网格也可称为“黄金网格”。

四、A–V 效应的特性

（一）首先为一种人本的思维与视觉或听觉感受，可以通过视觉对环境物质形态的反应而形成的一种感知，最后将感知到的对象转换为曲谱图形，奏出一首美妙的乐曲；同样可以通过将一首音乐信息可视化为一幅美妙的轮廓图画（图 2–7）。

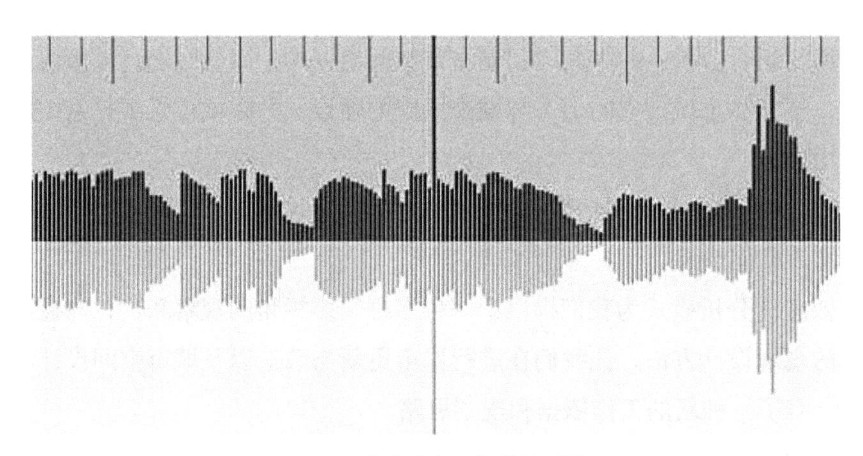

图2–7　数字音频可视化波形图

（二）A 或 V 都具有一种可视性的特性

通常来讲，音乐只能用声音来表现，用听觉来感受。然而，音乐作品所表现出的思想情感，不仅仅是单纯的听觉感受。人们在欣赏音乐时，虽然还会通过听觉刺激，通过大脑引起视觉意象的产生，除了产生联想和想象，从而激发出强烈的感情反应，体验到音乐所表达出来的物境和情境。这即是音乐的虚拟可视效果。

因此，根据这种虚拟可视效果，我们也许还可以采用某种方法将乐曲生成直观的视觉图形，用来分析它们之间的关系及其相互转化。优美的旋律是靠音符间最协调的搭配，因而可以采取数字音频可视化的手段，将美妙的音乐转换为优美的视觉构图；

我们同样可以根据靠城市建筑群的线条、色彩、排列以及最佳的尺寸比例定格和课件，通过视觉感应来感受到一种优美的音乐旋律。

我们知道，音乐和歌声是一种模拟信号，它是通过发声震动，由麦克风采集，将声波波形信号转换为数字波形声音，也即是声音信号的数字化以后才能被电脑设备储存起来。我们利用音乐播放器就可以得声波数字波形图，它类似于我们想要表达的流动的音乐轮廓曲线。如图 2–7 中由声音转换为数字音频的可视化波形图形。

那么当音乐通过一种数字数码方式转变为可视化图形以后，欣赏者到底是“听众”还是“观众”呢？我们的答案是，既要做听众又要做观众。就是要将音乐的可视化效果应用到城市空间的景观设计之中，努力创造城市空间形态及景观风貌优美的“视听”效果。

一首乐曲的创作到诞生后的最后结果，都必须通过演奏或演唱的演绎形式表达给人们，而人们又必须通过自己的听觉来认识和接受这些乐曲的美妙旋律。因此，音乐表演的对象称之为“听众”更为确切，而所谓的“观众”即使可以“观”见演奏、演唱等乐器和道具，以及五光十色的表演舞台，那也都仅仅是音乐艺术表演上的一种表现场景的陪衬和布置。这种“观众”通过眼睛对音乐的接受还是不能替代听觉的直接感知来得直接而合理。然而，尽管一首美妙乐曲的产生需要经过一位音乐家悉心的创作（作曲）过程，直至最后通过听觉传达给人们一部美好的音乐作品，整个过程几乎不会体现直观的视觉感受，而主要是具备一种听觉艺术的表达特征，如通过一些放音设备或现场演唱、演奏等形式进行表演等。但是，在音乐家的创作过程中，始终也在表现一种直观而可视的创作步骤，他们对待每一首乐曲都会通过反复地思索、谱曲等行为，采用书面表达的形式，采用数字符号和图形的手法，提供最后作品的一种可视的乐谱，即音乐或歌曲的五线谱或简谱（图 2–8）。

五线谱（Musical Notation）是目前世界上通用的记谱法，发源于古希腊。它是在 5 根等距离的平行横线上，标以不同音长的音符及其他记号来记载音乐的一种方法（图 2–9）。

简谱，起源于 18 世纪的法国，是一种简易的记谱法，通常所指的是数字简谱，用 1、2、3、4、5、6、7 代表音阶中的 7 个级，每一个数字的音长相当于五线谱的 4 分音符。简谱具有简单易学、便于记写等多种优点，在我国民间有着比五线谱更为广泛的运用（图 2–10）。

五线谱表，本身就采用了类似立面图示的表示方法，具有立面图形的视觉效果。由它谱写在纸上的音乐旋律作品，本身就与城市中的街道立面或建筑群轮廓的排列组合极为相似，比较直观地反映了音乐中音韵流动状态的高低起伏变化，如图 2–11 左上、右上所示。

而简谱表一般以书写记录的形式在平面上进行表达，音乐的旋律结构主要靠 1234567 个数及其数字上下标注的点来区别低、中、高等音程和音阶的大小变化，在平面表达上没有图形的视觉效果，如图 2–10 下、2–11 左下所示。但是，如果我们将乐曲简谱的数字表达方式，采用低、中、高音域在立面（音程）空间上的分布来观察，很显然它也同样具备图形的构图，如图 2–10 上、2–11 右图所示。

因此，无论是五线谱表还是简谱表，它们实际上都可以经过适当的转换被看作是

图2–8　民歌《茉莉花》可视五线图谱

五线谱中下加第三间至上加第六间音名排列的立面可视表现

图2–9　五线谱的立面可视效果

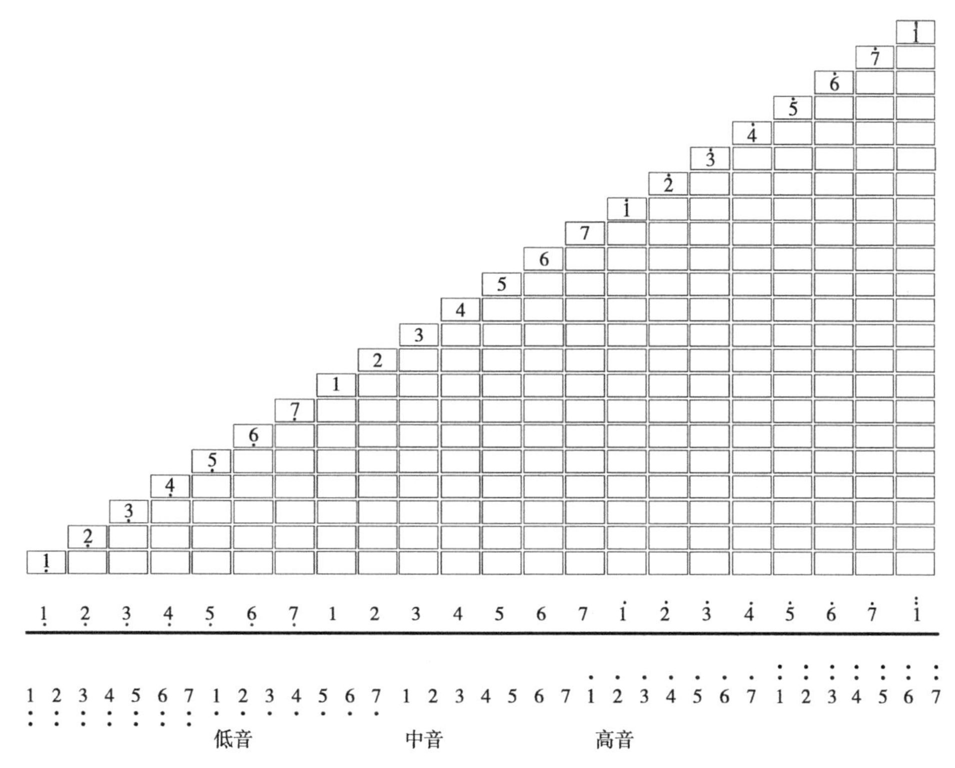

图2–10　简谱的音阶可视表现效果

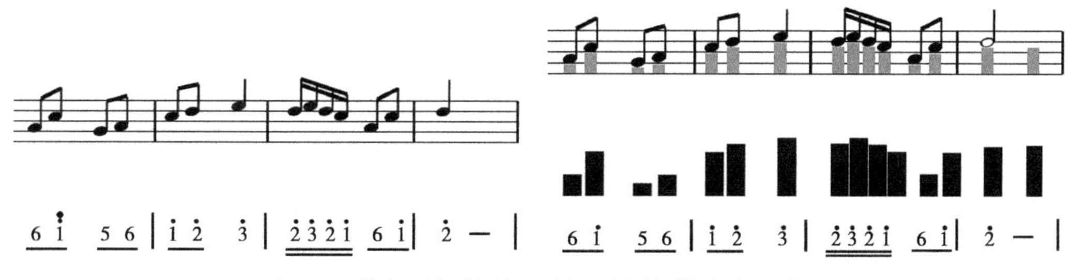

图2–11　音乐五线谱与简谱的立面轮廓可视化表现特征

一种直观且可视的图像，这说明它们完全具备图形造型艺术的基本特性，适用于美学法则的分析研究范畴。这便为我们进行 A–V 效应分析并将其运用于城市空间景观轮廓的设计研究奠定了美学基础。

以上我们还仅仅分析的是单音的可视效果，倘若再不断深入地融入乐曲的不同层次和组合，如和声、混声、和弦、复调等演唱和演奏等的图形表现形式，想必可视图像的表达效果定会更加丰富，运用到城市空间景观设计中而显现出来的城市轮廓线的近景、中景和远景，基调、转调、配调等各类轮廓线的组合形式中，那更是一部绚丽多彩的城市乐章。

（三）A–V 之间相互依赖，相互联系，又相互转换

A–V 之间互相影响并可以潜在地进行转换。它是人们的视觉与听觉共同且正常显现的一种心理效应。它会通过二者间的共同特性，反映出来一种形式美的协调。对于具备有一定的美的欣赏能力和程度的人来讲，这种转换的心理效应会更加明显、更强烈，而且也更容易。按照美国心理学家亚伯拉罕·马斯洛的需求层次理论来看，只有人的需求达到最高层次才能“自我实现”对美的追求和认知。一首好的乐曲或歌声是美妙的，人们早已习惯从它的美感中获得享受。然而，产生这种美感的源头似乎仅仅只是一种发音源如吹拉弹奏等乐器、歌唱等物质实体，而且由于视觉和音觉共融的效应本身又具有美学法则的共性，只是表现形式的不同。因此，除了简单的发音源，音乐的韵律美也同样可以通过音乐的可视性通过视觉来感受到，而视觉感受到的美也同样会被二者的效应关系反映出来（图 2–12）。一幅画可以是一曲美妙的音乐，一幅景观同样可以是一曲美妙的音乐；反之，一段美妙的音乐，也会通过人对可视的视觉感知到的图像，得到一幅美丽的画卷。

（四）V 主要表现出静态效应；A 表现出动态效应

任何一个在时间中产生了变化的物体，都具有动感，这就是世界上一切事物的时空特性。它们可以表现静态的表象，但实质上是永恒运动的。静态与动态是相对的状态，它主要是以人的视觉感知为一个观测原点。按照中国人的自然观，那就是动中有静，静中含动。一幅书画是静态的，但是它的神韵或表现出来的内涵却是动态的。如一幅青松飞瀑的山水画，使得一张薄纸被赋予了动态的情景神韵，给人一种大自然生命的动态时空魅力和美好。A–V 效应合成正是“可视音乐”图中二者动静结合图形的反映。当一个乐音持续地发出，但音调或音程不发生变化时，它在 A–V 效应可视化图形中的表现则为一条平静流淌的水平直线，如图 2–13 中的直线 1、2；但若音程、音调产生了变化的声音，图中则表现出高低起伏的动态曲线，如图 2–13 中的曲线 3。

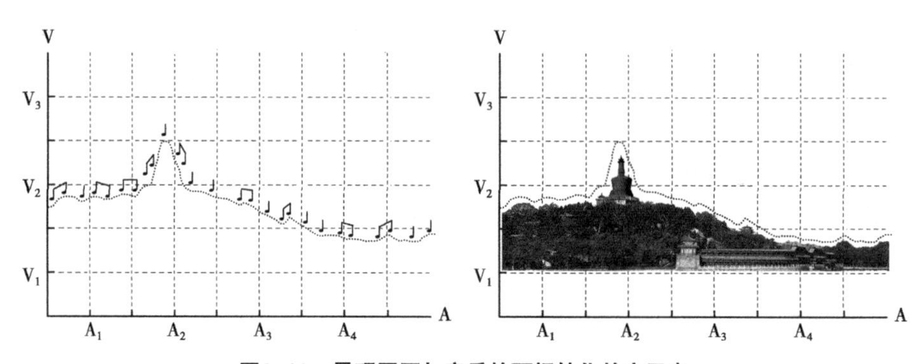

图2–12　景观图画与音乐的可视转化效应示意

（五）A、V 的效应表现，既具备心理学特征，又具备美学特征

音乐是声音的艺术，即是一种听觉艺术。根据心理学的定向反射和探究反射原理，在一定距离内的各种外在刺激中，声音能引起人们的注意，迫使人们的听觉器官去接受声音，直接地作用于人们的情感。音乐可以通过听觉去认知、感受和体验生活，还可以将感受通过形象思维凝聚为听觉意象，然后用具体的音响形式表现出来。

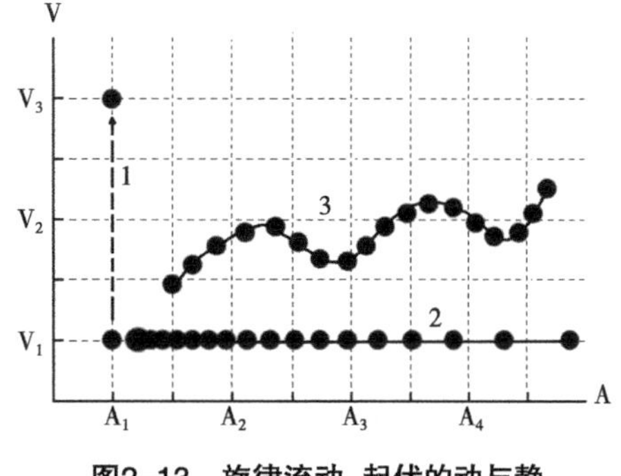

图2–13　旋律流动–起伏的动与静

在心理方面，优美的乐曲能让人感受到美妙旋律的可视化存在，激发出丰富的想象力，仿佛眼前展示出“高山流水”的画卷和意境；或若看见城市中高低起伏、错落有致的建筑群与蓝天之间的天际线，组成一个个音符，犹如五线乐谱般的演奏出一曲悠扬的城市交响曲。

由于，A 与 V 之间的相互转换特性，可以形成一种虚拟图形的可视效果。因此，它们均可被看作为一种造型，也就具备了所有造型艺术的美学特性，从而符合和遵从美学形式美法则，适用于形式美法则的分析、运用与塑造。

我们大家熟悉的黄金分割率（0.618），从古到今一直被人们奉为科学和美学的金科玉律。由于它是被古希腊著名哲学家、数学家毕达哥拉斯于 2500 多年前发现的，这个数字的比例关系被称为“毕达哥斯拉定律”，也称黄金分割，它在数学、艺术中乃至人们的生活空间涉及的很多方面的事物所表现出来的优美尺度和比例均不谋而合的得到印证。许多形态优美的物体或优秀的古现代建筑的比例尺寸，它们的垂直线与水平线之间的比例都基本符合黄金律比例。此外，凡是涉及构图布局设计的方面，都有意无意地运用黄金分割的法则，给人以视觉上的和谐与悦目。黄金矩形公式中蕴含着丰富的美学，它不仅是一个数学课题，而且在艺术、美术、摄影、形态美学、建筑、自然等方面都广泛存在。心理学实验已证明，黄金矩形是人眼看上去视觉感受最舒服的矩形。而且黄金分割率与优美动听的音乐也有不可分割的关系，因为音乐是美的，而美的事物都是相通的，因此它们遵循着共同的美的法则。

五、A–V 效应的组合形式

城市景观轮廓线，可以根据不同的性质特征及其表现形式，从景观层次、轮廓韵律以及轮廓的材质组成等角度进行组合划分：

（1）按景深层次划分

模仿音乐旋律的特性，可分为单音旋律轮廓、和声旋律轮廓。

（2）按韵律节奏划分

根据景观序列的表现原理，以起景、高潮、结景序列组合等形式，可分为舒缓旋律轮廓、跳跃旋律轮廓。

（3）按轮廓种类划分

轮廓线可以由城市的建筑群组合轮廓构成，也可以由山脊线或植物林冠线及其组合构成。可以划分为：山脊轮廓线；林冠线；建筑轮廓线；山 + 建筑旋律轮廓；植物林 + 建筑旋律轮廓；树林 + 建筑 + 山脊的旋律轮廓等。

第四节 音乐旋律的 A–V 轮廓表现

通过以上的分析了解，我们清楚了一首乐曲的旋律通过图像的艺术处理，感受到乐曲中音调、音程等高低排列，可以形成立面上的一种可视图表现。无论是五线谱还是简谱，均可以进行视图表达它们的艺术组合。然而，一首乐曲的艺术组合与效果，往往源于乐曲的一种情怀表达，也即乐曲人性化的心理过程。不同的乐曲蕴含着各自的意境和内涵，还蕴藏着丰富的情境，如“高山流水”“苍茫大地”等均可用乐曲表达出不同的意境来。因此，乐曲的旋律具有一定的情绪或场景的对应性，如情绪的忧伤，欢快，激昂；场景的幽静、变换、光芒、高原，海洋等。

对于音乐旋律的表现，我们认为主要有两方面特征：

一种是通过乐曲演奏或演唱的模拟信号最终产生的可视的数字信号图像，它属于一种动态表达的“播放表现”特征。

另一种是通过阅读或记录的方式，如乐曲的五线谱或简谱形式将乐曲表现出来并传递给演奏者或歌唱者，它属于一种静态表达的“读取表现”特征。

在现阶段，我们已经可以利用现代数字技术手段，采用音频可视播放器等软件或作曲软件，在进行音乐演奏时，可以非常直观地通过设备观察到一首乐曲在播放时的数字信号格式的纵向动态表达的图形表现。不过，通过音频播放软件我们只能够瞥见音乐某一个瞬间的数字信号音量柱状图，而且分不清是图中一瞬时柱状图所表现的是主旋律还是和声音程，也难以表现出不同的乐曲和弦或多声部的构成。另一方面，它仅仅就是一瞬间的简单音量信号音频的可视效果，而非乐曲旋律进行中所展示的整体可视效果。因此，无法展现其纵向和横向组合的音乐旋律画卷般展开的轮廓线。

然而，无论是“播放表现”的动态表达，还是“读取表现”的静态表达，我们都可以借助 A–V 效应方法将其转换为一种直观的可视图形表达形式，一边来分析它们构成的旋律轮廓线，找到它们共同的旋律美感，运用到城市景观空间设计之中。

下面所列图示，是我们根据不同内容的乐曲形式，利用 A–V 效应分析原理，并采用乐曲与图形对比方式来表现乐曲的可视性视觉效果的音乐片段。

一、单声部乐曲旋律轮廓线

单声部乐曲指用单一的、无伴随旋律的音乐作品。一般指单调音乐，它不附带任何对位声部、衬托句及伴奏，只有一条单纯的旋律线。单声部乐曲或歌曲的表现可以理解为是一种单调的平面式、效果单一的音乐形象。借鉴到城市空间中，它可以对应到类似于城市街道两侧临街建筑群体在街景立面上所构成的景观轮廓线表现形式。因此这种单调的轮廓线，多出现在城市主要街景的建筑韵律组合中，其景观视觉效果表现出类似音乐旋律的连续、流畅、起伏悠扬特征。

图 2–14 为乐曲《茉莉花》的音乐简谱；图 2–15 为乐曲《茉莉花》的音乐轮廓线；图 2–16 为乐曲《草原上升起不落的太阳》的音乐轮廓线。

二、多声部乐曲旋律轮廓线

多声部乐曲是一种乐曲不单纯依靠单一的旋律，而是须加入其他声部来共同完成音乐过程。也即在音乐进行过程中，会同时出现一个以上的不同声部组合，分有二声部、三声部、四声部等。在多声部乐曲中，与主调音乐相对应的具有两个或两个以上的相对独立的旋律，按照对位原则结合在一起共同表现乐曲的内容。

多声部乐曲，一般是在主旋律加上伴奏、伴唱等衬托；或再加上另几条旋律，即几个声部结合在一起的多声部音乐就称为复调音乐旋律。复调音乐由两段或两段以上同

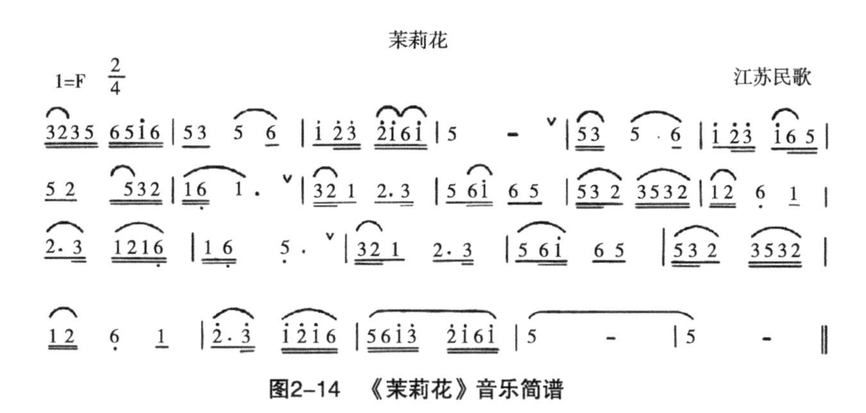

图2–14 《茉莉花》音乐简谱

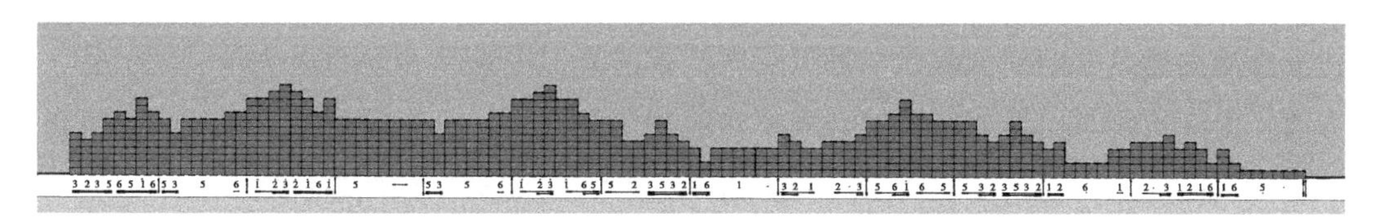

图2–15 《茉莉花》音乐旋律在空间立面上的可视轮廓线

草原上升起不落的太阳

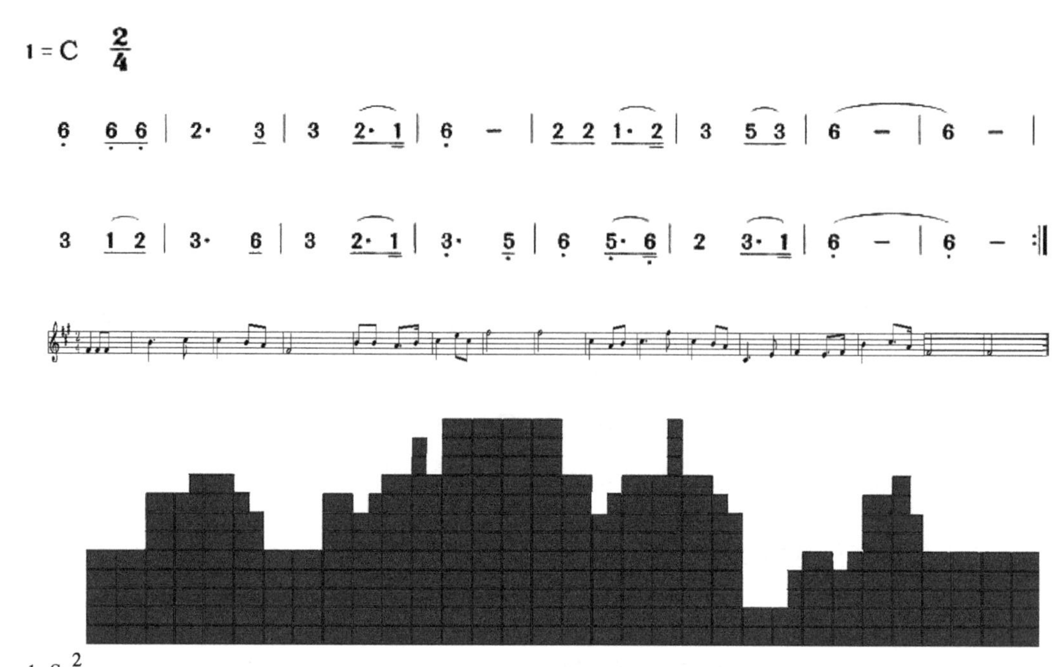

图2–16 《草原上升起不落的太阳》音乐旋律在空间立面上的可视轮廓线

时进行的声部所组成，这些声部各自独立，但又和谐地统一为一个整体。在复调音乐分类中，对比式复调音乐最值得我们在城市轮廓线的景观旋律组合及其特性中加以借鉴参考。音乐中，复调将不同的旋律线结合在一起，在音调、节奏、流动进行中的起伏、停顿划分以及音乐形象和性格的表露等方面，彼此形成和谐的对比或差别，构成了对比式复调。

因此，多声部的旋律往往表现出多层面、多维度的效果和音乐形象，具有音域宽广、和声层次丰富、声部对比强烈等特征。

在声乐理论中，多声部乐曲一般在二个声部以上，其中二声部与四声部多见，这往往是因为二、四数量均等的原因，容易获得音乐形象上的平衡。从旋律上来看，通常都是一个主旋律，其余配上合适的声部即可，以加强主旋律的厚度。这非常类似于前面所述的城市轮廓线不同的组合形式，如主景轮廓线和配景轮廓线。

城市空间中的整体轮廓形象，会因为景观层次的不同，显现出富有层次的轮廓线。一方面是由建筑群的高低起伏与远近层次构成前景、中景和远景的建筑群层次；另一方面，由建筑群与山体或植物组合成丰富的起伏轮廓线，恰似音乐的不同和声部组合的复调乐曲旋律，因此在 A–V 图上表现出多层次的“复调”乐曲轮廓线。

如图 2–17 为乐曲《乡恋》的音乐轮廓线；如图 2–18 为乐曲《我的祖国》的音乐

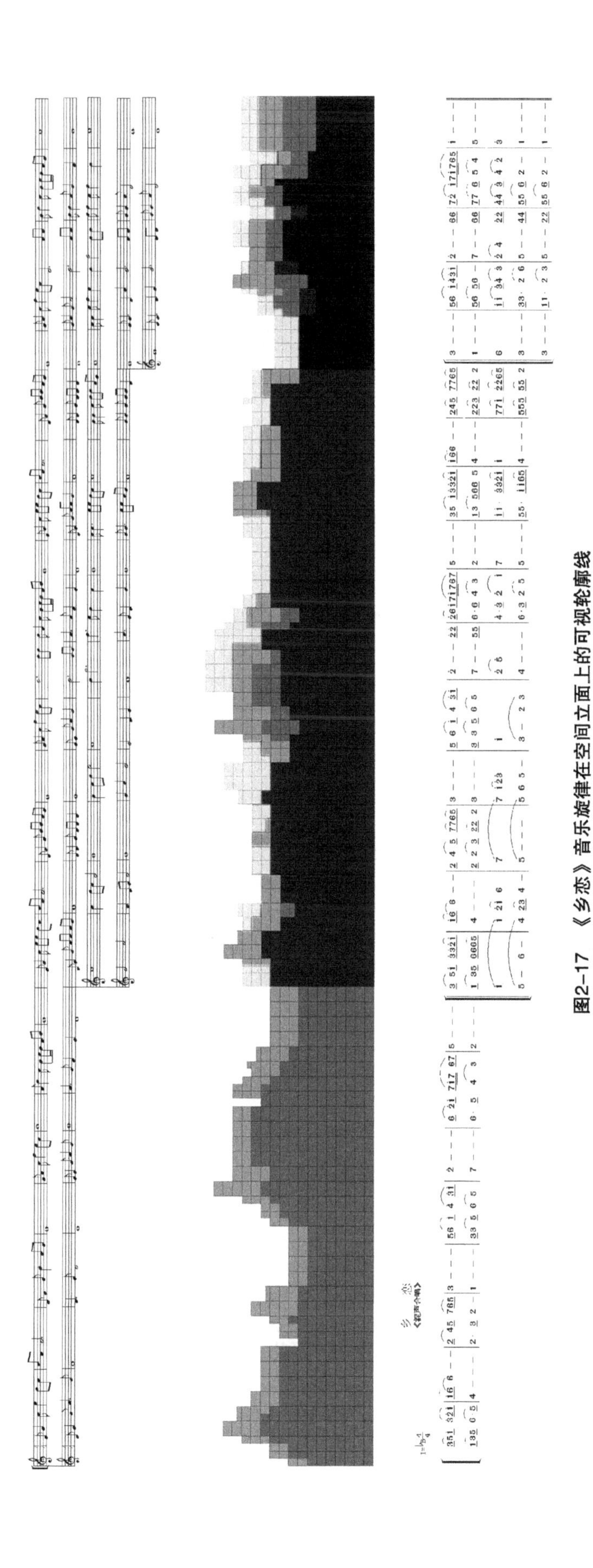

图2-17 《乡恋》音乐旋律在空间立面上的可视轮廓线

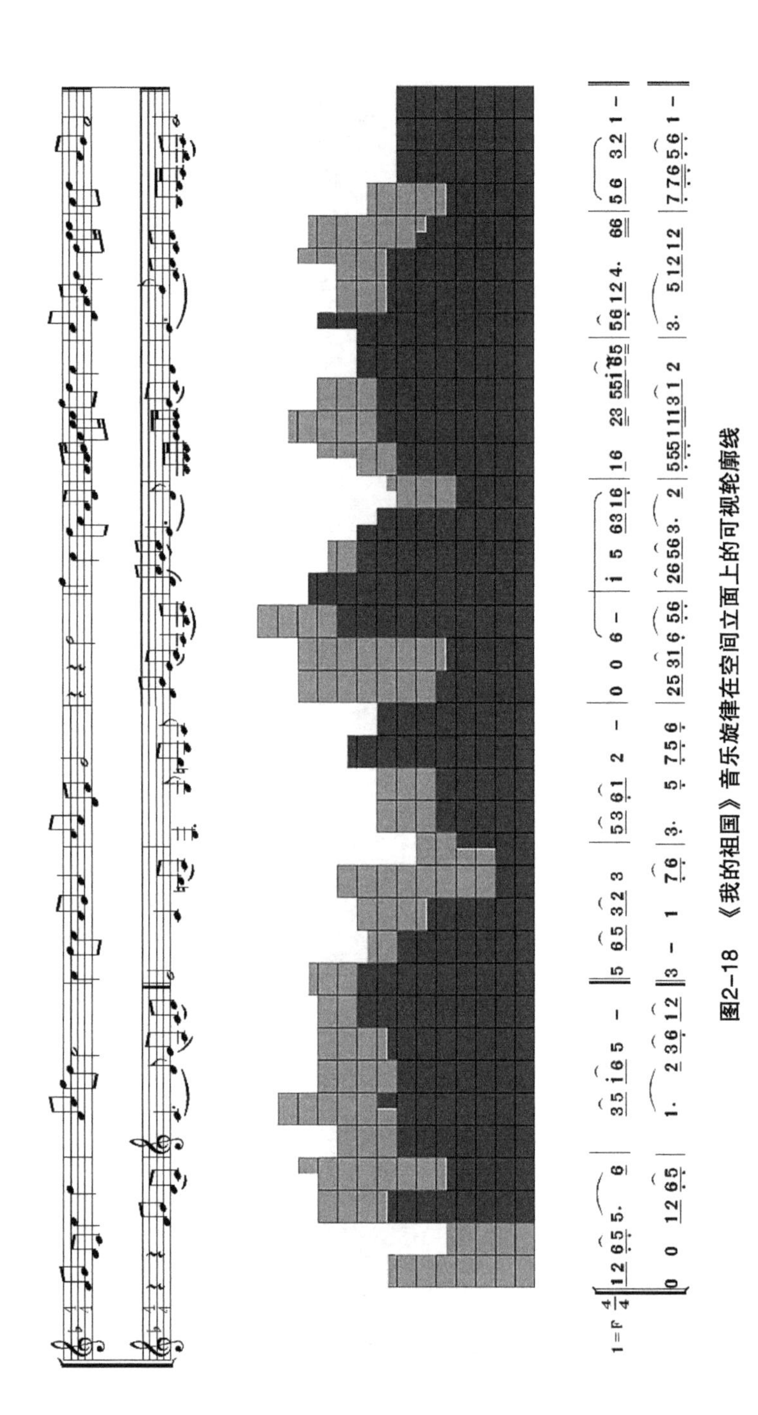

图2-18 《我的祖国》音乐旋律在空间立面上的可视轮廓线

轮廓线；如图 2-19 为乐曲《让我们荡起双桨》的音乐轮廓线。

第五节　城市轮廓的 A-V 旋律表现

“建筑是凝固的音乐”，切实表达了城市中建筑群所构建和表现出的一种美学韵律和艺术魅力，许多城市轮廓线的美感的确给我们留下了很深的印象。它的表现能让每

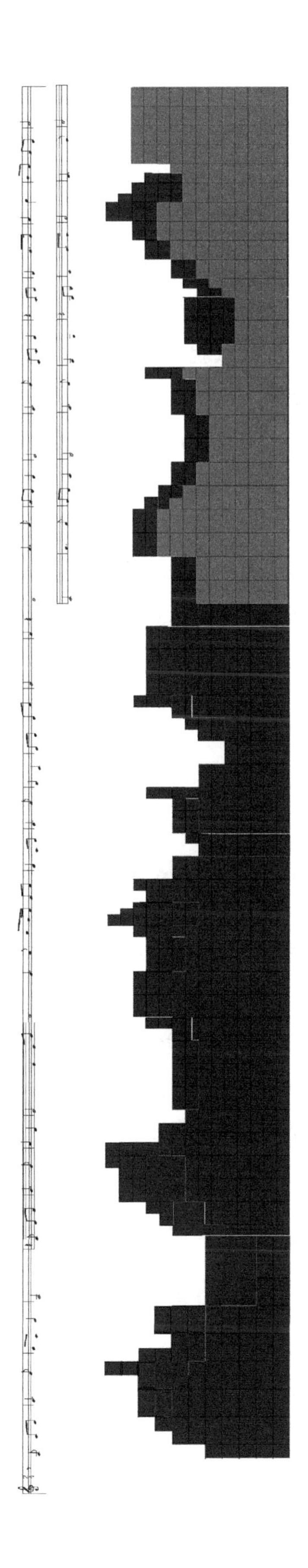

图2-19 《让我们荡起双桨》音乐旋律在空间立面上的可视轮廓线

个城市给人以独特的印象，现今的世界上还没有两条一模一样的城市轮廓存在。在城市中，由建筑群高低起伏组合的轮廓线犹如展开的一幅广阔的轮廓景观（甚至为全景）。因此，许多人将大城市都称之为“城市风光影画片”。在许多城市，高起的大都会、摩天大厦在城市的轮廓景观上扮演着重要的角色，特别是一些海滨城市的轮廓线异常完美。

近代以来，世界上不断出现一些城市轮廓线极其优美的中心城市，而且随着时代的进步，许多城市的空间形象和艺术风貌日新月异，它们大都经过了精心的空间设计，加上严格城市的建设与管理，给我们做出了很好的榜样。城市空间与艺术美学有着密不可分的关系。因为造型美好的物质对象，总是遵循着黄金美学法则。城市形象的美也形同音乐旋律的美；音乐美，城市也会美。它们都具有美学的共性，均属于一种可视的造型，因此均符合美学法则。

我们的研究，正是利用了城市与音乐之间美的共性特性，才可能利用优美的音乐旋律来对比城市的轮廓。一个具有共同美学意义且都符合共同美学法则的城市空间系统，其美好的轮廓线必定会“演奏”出美妙的音乐。

一、单层次轮廓线的乐曲旋律

一些中小城市或平原城市，也许只有一个层次的城市建筑轮廓线，我们就可以针对它进行单调音乐旋律分析[①]。

如图 2-20，为悉尼中心区的城市轮廓线。从城市中心的对岸视线对景的节点进行观测，可将对岸的建筑群视为一个统一的单层次轮廓线（暂不考虑位于前景的林冠线）。左图为勾绘出的建筑轮廓线；右图是根据 A-V 视网格修正后的建筑轮廓线柱状图；下图为轮廓线对应转换后的乐曲旋律的乐谱。

如图 2-21，为费城城市中心区的城市轮廓线。将城市的中心建筑群视为一个统一的单层轮廓线。左图为勾绘出的建筑轮廓线；右图是根据 A-V 视网格修正后的建筑轮廓线柱状图；下图为轮廓线对应转换后的乐曲旋律的乐谱。

图 2-22 为某城市轮廓线形成的音乐旋律效果。

二、多层次轮廓线的乐曲旋律

在音乐艺术中，孤立的一个音或一根弦是难以表达出音乐思想的，但多个音结合在一起，赋予一定的节奏和音色，就能够表现出一定的情感。在这里，我们可以将城市轮廓线比作为复调音乐旋律，那么根据音乐常识，复调音乐与主调音乐是相对的概念。

① 指单旋律的音乐，即不附带任何对位声部、衬托句及伴奏等，只有一条单纯的旋律线。

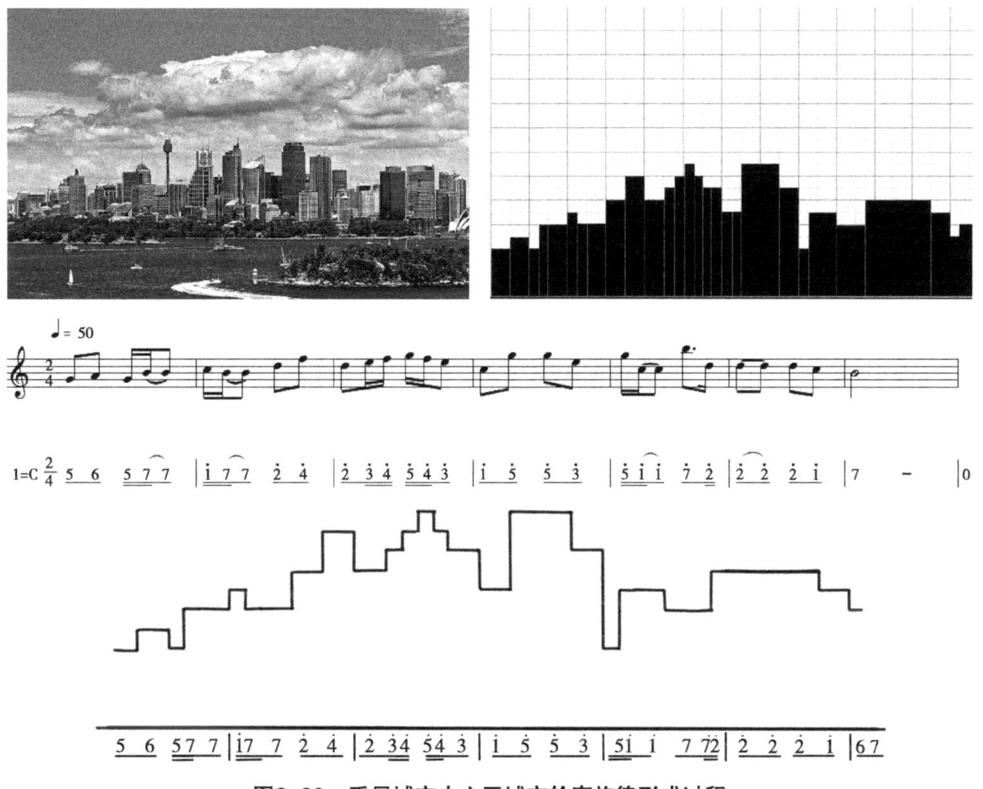

图2-20 悉尼城市中心区城市轮廓旋律形成过程

（示例图片选自：https://swww.skymigration.comopinion201702147766.html）

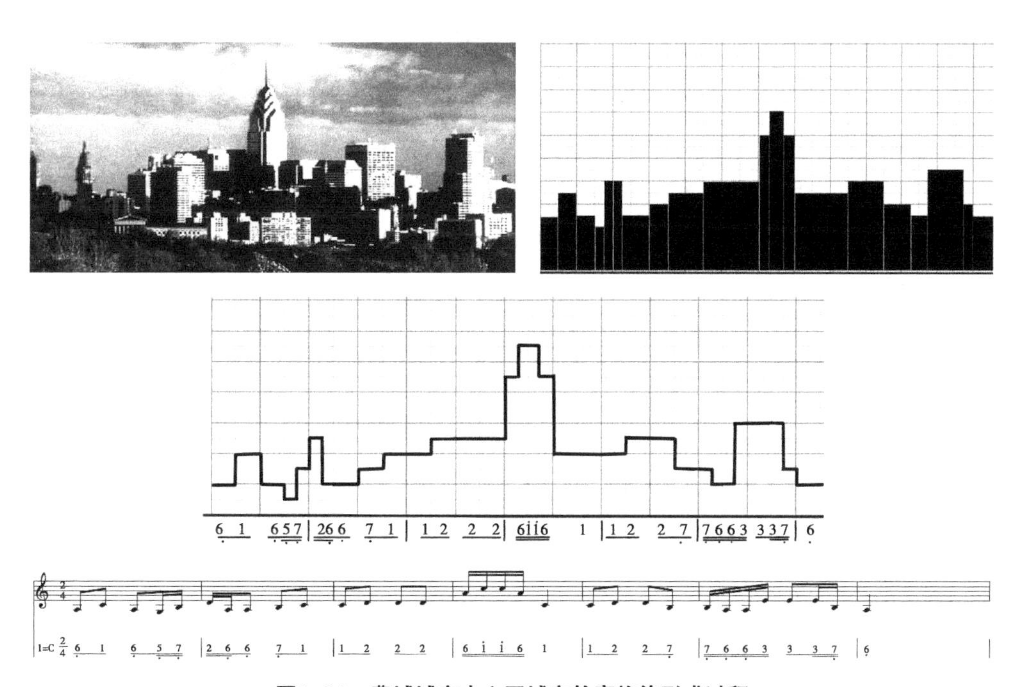

图2-21 费城城市中心区城市轮廓旋律形成过程

（示例图片选自：田银生，《建筑设计与城市空间》，2000）

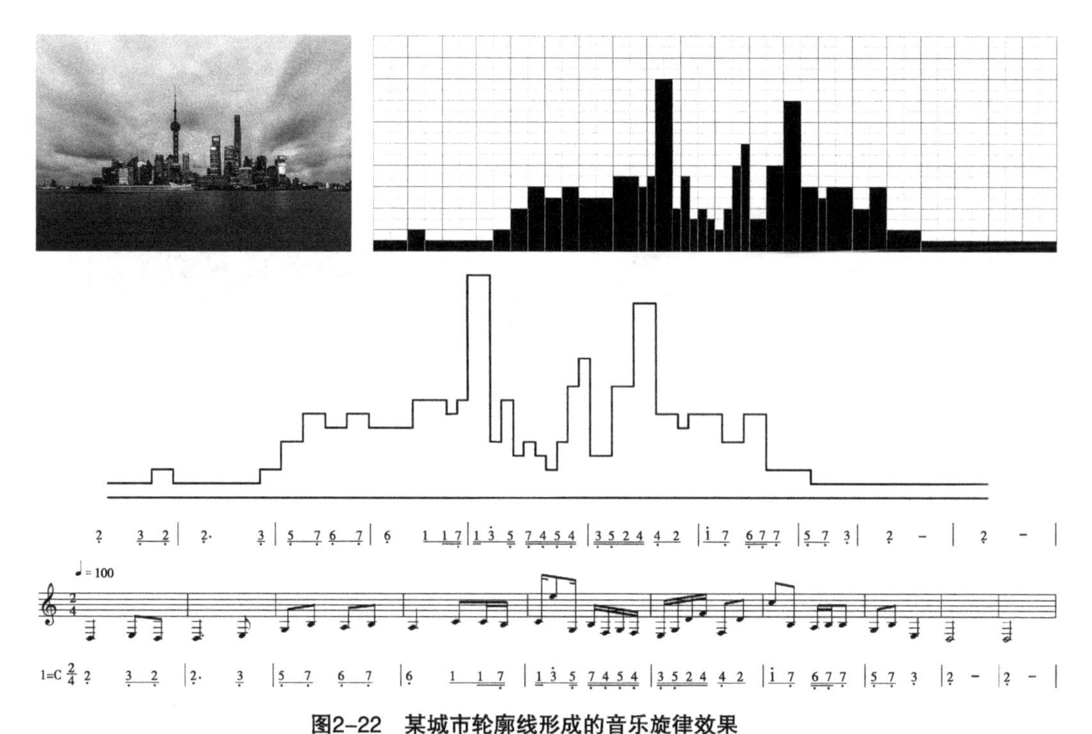

图2-22　某城市轮廓线形成的音乐旋律效果

（示例图片选自：http://dy.163.com/v2/article/detail/DSD0312T05440ERB.html）

主调音乐是由一条旋律线（主旋律）加和声衬托声部构成，而复调音乐是由两条及以上的旋律线有机结合在一起，协调地流动、展开所构成的多声部音乐。多声部常常表现出的特征，一是增加主旋律厚度，烘托主旋律气势；二是丰满音乐形象，利用各声部之间曲调、节奏不同形成此起彼伏的效果，在眼前展现一幅丰满的视觉画面；三是听觉与视觉色彩丰富。多声部更具有丰富的表现力。借鉴到城市空间轮廓旋律构成表现上，则要求整个城市轮廓组成犹如音乐的多声部旋律，更具层次感和景深效果，各层次轮廓旋律线形成主旋律与其他和声声部共同组合成高低起伏、错落有致、前呼后应的视觉效果。

图 2-23~ 图 2-25 为部分城市或局部显现出的多层次轮廓线组合所构成的音乐旋律线的效果表现：

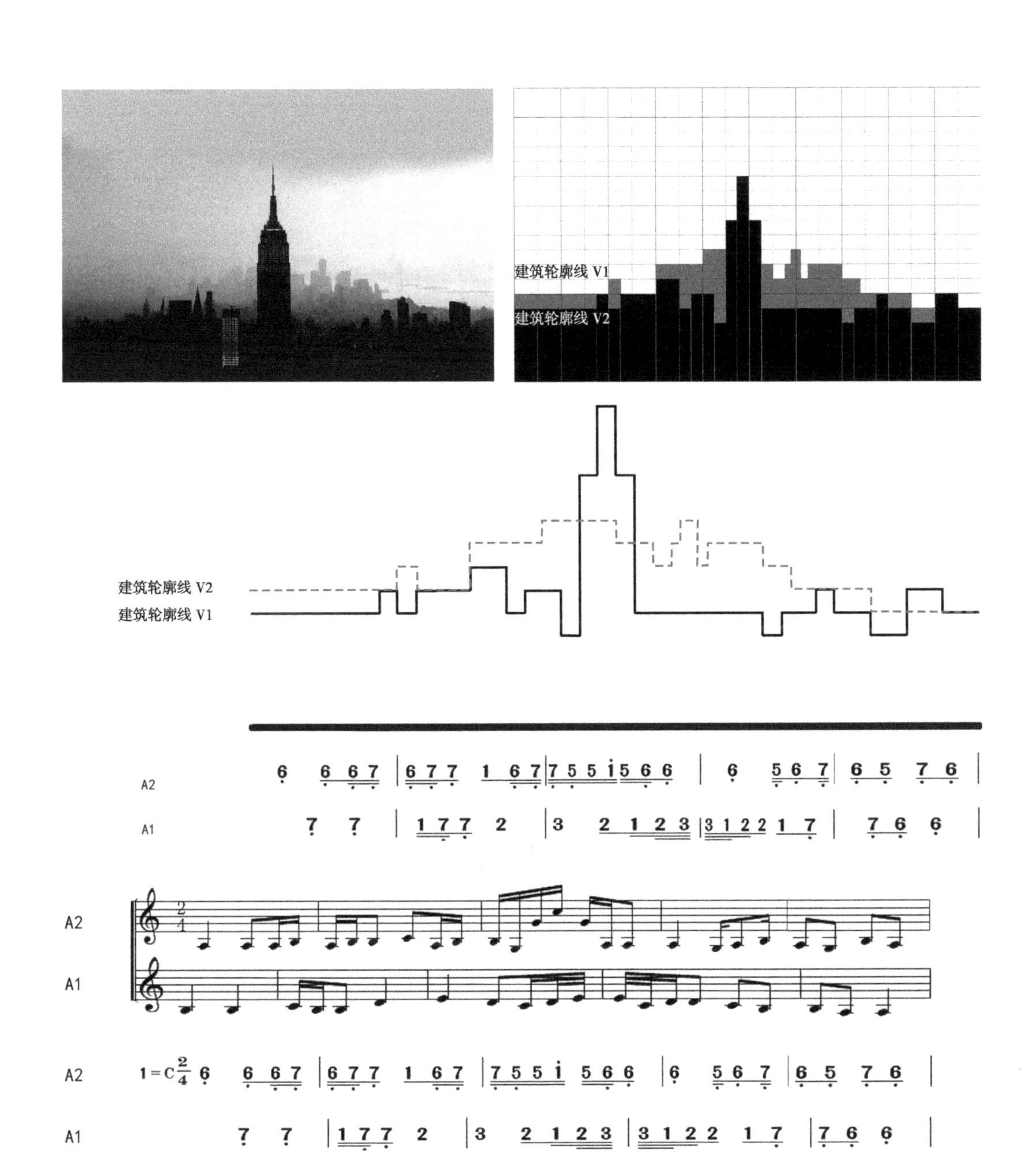

图2-23 某城市建筑群体构成的二层次轮廓形成的音乐旋律
（示例图片选自网络）

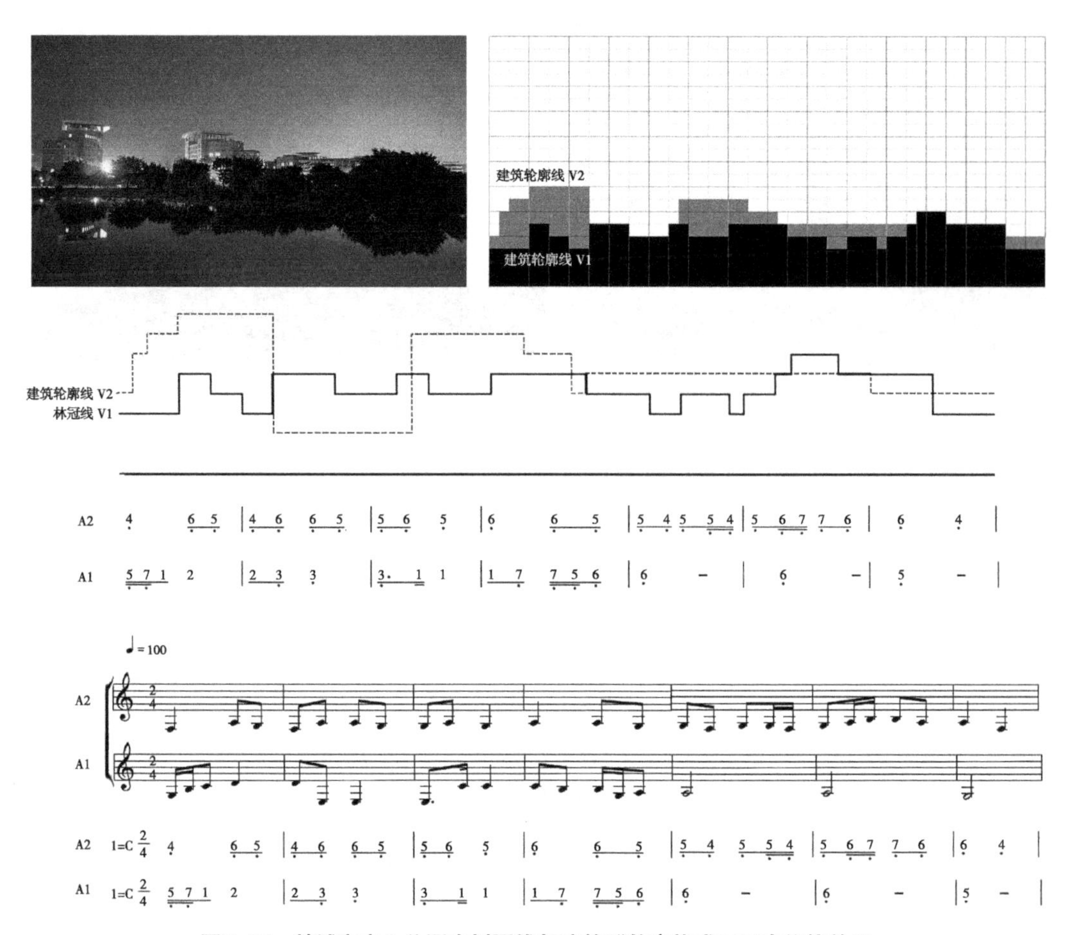

图2-24 某城市中心公园由树冠线与建筑群轮廓构成二层次旋律效果

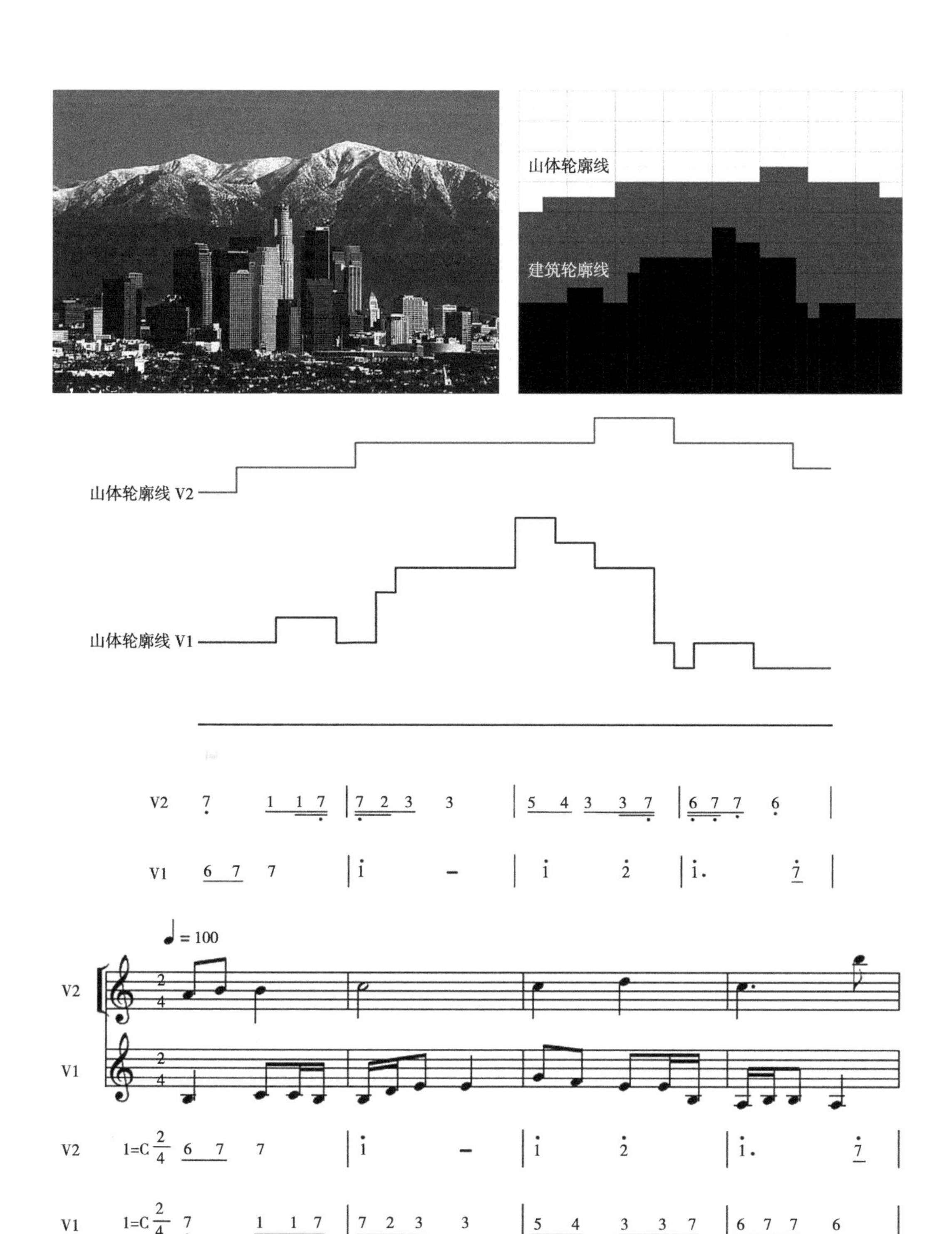

图2–25 某城市局部由山体与建筑群构成的二层次轮廓线旋律效果

（示例图片引自：https://m.baidu.com/tc?from=bd_graph_mm_tc&srd=1&dict=20&src=http%3A%2F%2Froll.sohu.com%2F20151122%2Fn427544871.shtml&sec=1563757511&di=cff5406ff658ee8a）

第三章

城市轮廓 A-V 效应分析方法

第一节　A–V 效应视网格的构建原理与表现

上一章我们讨论了根据音乐效果的可视性来源于曲谱记录在立面上的一种直观表现，如通过线段五线谱或简谱音程高低关系，确立乐曲在立面上可以表现的视觉效果特性，将乐曲音程与旋律的演进相结合，形成一种音乐视觉曲线。我们将这种曲线通过分析整理以后，结合城市空间中的建筑形态与尺寸及其与音乐乐理和音律规律之间的关系,通过融合立面图得到纵向与横向上的一种视觉表达,经进一步分析并构建 A–V 效应视网格；最终将乐曲的可视图形与城市空间中的建筑群在各景观方位的立面上高低起伏所显现出的轮廓剪影与之重叠，从而得到一种城市轮廓曲线分析图像。

对网格图的设计制作，我们首先需充分考虑城市在整体空间上所表现出来的大尺度空间形态为其主要特性，立足城市设计中的主要任务，依据城市规划及其用地功能与布局的控制属性，在充分研究城市空间、城市建筑和城市生态与城市景观的关系等基础之上，借鉴建筑形态与组合、建筑模数标准以及音乐艺术、形式美学等专业知识，加以综合分析运用，以此开展我们的专题研究和分析。

一、网格基本单元构成及表达

A–V 效应的分析原理，主要通过借鉴城市空间景观、建筑形态美学、基础乐理等多方面的基本认识，共同组合与构建出的直观的可视网格，以此作为一种分析手法运用到对城市景观空间的认识与设计之中。因此，网格的确立、意义及分析基于如下几种基本问题：

（一）建筑模数

建筑模数标准，是国家根据建筑设计需保证建筑设计标准化、构件生产工业化，使建筑物及其各组成的尺寸统一协调，有一定通用性和互换性的一种建筑尺度单位。在建筑设计中，通常以 1M 为基本模数值，以此基本模数的整倍数扩大模数尺寸。在水平方向上扩大模数一般为 3M、6M、12M、15M、30M、60M 等六个；竖向上扩大模数的基数为 3M 和 6M 两个[①]。因此，在我们的网格图分析中，对于城市空间上的表现，我们主要考虑从城市景观视觉上的艺术感受角度，借鉴建筑模数标准并为了保持一定的关联性，简单而且简化地采用 3m 模数作为建筑物在纵向的可视高度的基本单位，这与常规下建筑单层（一层）的高度较吻合；确定横向上的建筑可视宽度 5m。这样的建筑立面的长宽比例应该说比较接近普通建筑阔和高的尺度，同时也尽量让纵横向构成的矩形近似于黄金比例（图 3–1）。

① 住房和城乡建设部,《建筑模数协调标准》GB 50002–2013.

（二）黄金矩形

黄金矩形是一个神秘而有趣的数学话题，但它又蕴含着丰富的美学意义，在艺术、建筑、自然、图像等处处可见其身影。心理学实验已经证明，黄金矩形是人眼看上去最舒服的矩形之一。

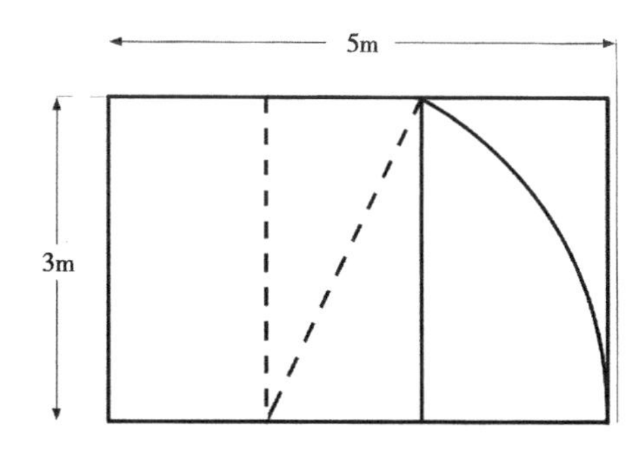

图3-1 建筑高度以3m为模数的黄金矩形

当一个矩形的长宽之比为1.618倍的黄金分割率，或矩形的短边为长边的0.618倍时，这个黄金分割率的矩形就是黄金矩形。黄金矩形能够给画面带来视觉美感，令人愉悦。在很多艺术造型的物体或大自然中都能有它的印记。0.618这个数值的作用不仅仅体现在诸如绘画、雕塑、音乐、建筑等艺术领域，而且在管理、工程设计等方面也有着不可忽视的作用。

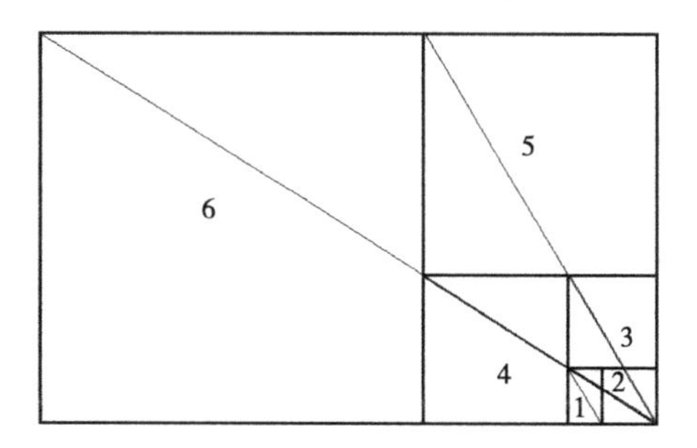

图3-2 黄金矩形的数比关系示意图

黄金矩形可以由自身向内或向外推导生长。图3-2，从一个黄金矩形1开始，通过这个最小单元矩形中画取的正方形就会得到另一个成相似比例的黄金矩形2；同样，再从2外接一个正方形，再生长出来一个黄金矩形3；然后，可以连续地一直分长下去，得到4、5、6等更多的黄金矩形。这充分表现了黄金矩形堆积组合起来的数比关系。优美和谐的黄金形态以小见大，以大兼小，而且视觉美感不会产生扭曲变化，始终接近并保持着一个舒服和谐的视觉效果。

图3-3 希腊雅典帕特农神庙的黄金架构
（资料来源：http://calculus.nctu.edu.tw/upload/calculus_web/maple/Site/carnival/fibonacci/06.htm）

有学者曾经研究的希腊雅典的帕特农神庙的架构比例就是一个很好的例子。神庙的建筑尺寸就是在黄金矩形的构架中完成了美妙的设计，形成了一个可以黄金尺寸组合、缩放的美妙集合体（图3-3）。这也表明在黄金矩形这张网络中，一个节点和或一个图形都可以在黄金比例范围以内的黄金分割点上，从而能让欣赏者产生美好的视觉感受。如图3-4，一幅图片的取景构图，使其大框的黄金矩形与左侧小框黄金矩形相交点为黄金点，取白塔正好处于黄金点上；同时竖向上又让水岸线与山体和天空的比例处于小框矩形的黄

图3-4 黄金矩形图画框中黄金点取景

金比例之中，因此使得整幅画面获得了很好的视觉感受。同样，在所有的造型艺术中，均可以运用黄金矩形比例尺度的布局，以获得非常美妙的感觉。

（三）黄金网格

在我们研究的网格分析图中，正是运用了黄金矩形尺度组合原理，结合建筑模数的基础数值，再借鉴乐理基本常识，完成网格基本单元与 A–V 网格组合的设计与构建。

在通过横轴 A 和纵轴 V 构建的网格图中（图 3–5），我们以黄金矩形作为最小的基本单元，也是最小构建单元。将最小单元的黄金矩形呈横向布置，分别沿横向和纵向进行衍生和扩展。黄金矩形以小见大，以大兼小，层层递进和生长，织造一张坐标网。可见整张网络系黄金矩形的最小基本单元组合构建而成。堆砌的黄金矩形在立面上，随着网格大小的变化，可以始终保持黄金矩形的比例尺度缩小或放大。视网格中 45° 斜线的半角线一直贯穿，它是黄金矩形的对角线（黄金线），将整个网络视觉美感统一起来。从图中我们可以看出，无论是纵向还是横向，都可以获得黄金比例大小不同的矩形。例如，我们在纵向上每相距 13 个矩形基本单元，横向取 5 个矩形基本单元，就能集合成一个大的尺度黄金矩形；横向 10 个矩形基本单元与纵向 10 个矩形单元也能集合成一个大的黄金矩形，说明整个网格中的黄金矩形均成比例的生长。我们以近似于 0.618 的最小黄金单元为基础，让它可以随意地放大或缩小，来对比我们将要导入的形态元素的尺度，我们因此也可以将其称之为黄金网格。构建了这种黄金比例的网格，我们在开展分析运用时，便可以让置身于其中的各种形状的造型图案或图形，均能调整到一个黄金分割率的尺度范围内，这也是为了便于我们在分析建筑与音乐关系的 A–V 效应时，能让轮廓曲线的横向流动与纵向起伏始终保持一定的黄金美学尺度因此而获得最好的视觉形象感受。

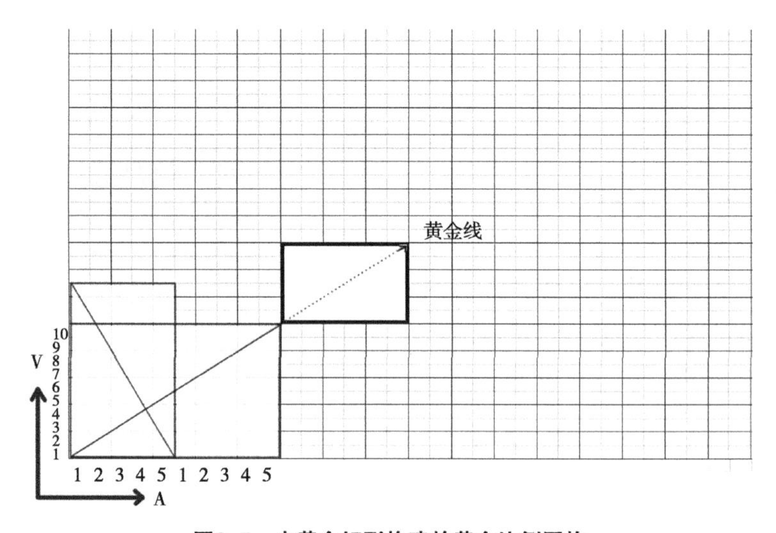

图3–5　由黄金矩形构建的黄金比例网格

二、网格单元及定义

（一）建筑单元

关于网格基本单元中的建筑模数意义，它主要对应城市建筑中通常的建筑层高与进深或阔宽，为了便于我们分析，矩形单元分别对应建筑单元的楼层高度和建筑单元的阔宽，也即是说定义的基本单元的黄金矩形短边取 1 层约 3M 的建筑高度（层高），矩形长边取建筑的阔宽为 5M 间隔。不过，需要说明的是，我们在参考建筑模数基本标准时，不是从绝对技术的角度去分析，而是相对地借鉴运用其建筑模数的原理。我们这样的借鉴，只是在确定一个相对的分析方法和途径，实际上，这是在模拟一种基本的建筑形态空间。对于一个基本的建筑空间单元，如一个房间单元的建筑，通常情况下它的高度与宽度的基本限制分别在 3M 和 6M 的尺度范围，而且呈长方形平放的状态，它非常类似于黄金矩形的平放，在视网格中，就等于一个基本单元，沿水平方向拼接堆砌并向上重叠。事实上，城市建筑群组合在整体上都是沿着水平面延伸的，其建筑轮廓线的景观画面似一幅长卷沿水平方向徐徐流动、展开。总体上，山体、建筑、植物组合成的轮廓线的流动是延绵不断的，长度是随意的，但是建筑群的高度却是受到限制的。也即是说，建筑群反映出来的基本尺度是横向发展的，而纵向的高层建筑尺度也仅仅是一个突出的点，它与轮廓线的延伸方向比起来，就比较短。因此，我们借鉴建筑模数，实际上就是在模拟建筑的基本空间，也是为了便于我们在对比分析中统一比例尺度。同时也为后期的建筑高度控制设计提供具体的尺度要求。

另外，参考建筑模数，主要针对建筑组合近距离和小尺度的分析，只能相对地与模数接近对应。因此，原则上以建筑一层楼高度以 1 个单位作为参考，对照视网格中基本单元的黄金网格也仅仅是小比例尺可以对比借鉴。若对于大范围的城市整体空间的轮廓线形象分析，比例则可能随图像缩放而放生变化。例如一个单元格的高 V=1 × X……，框内建筑层高呈倍数增长。

（二）音乐单元

在我们建立的分析网格中，一个近似于黄金比例的矩形被定义为一个最小的基本单元。然而，对于这一基本单元的音乐意义，我们通过借鉴乐理基本知识，从音乐的可视特征出发，相对地对应到乐谱的基本表现来建立可视立面图像。首先就需要赋予网格矩形基本单元的音乐意义。在前面我们已经做过相关讨论，根据音乐的黄金比例特性，在乐曲中由于不同的音高反映了一定的音程尺度，通过五线谱和简谱乐谱书写形式的可视表现，在立面上表现出了一定的数比关系，因此也就可以采取一定的方法进行黄金比例的比较运用。如图 3-6 所示，在 A–V 效应的黄金网格中，取最小基本

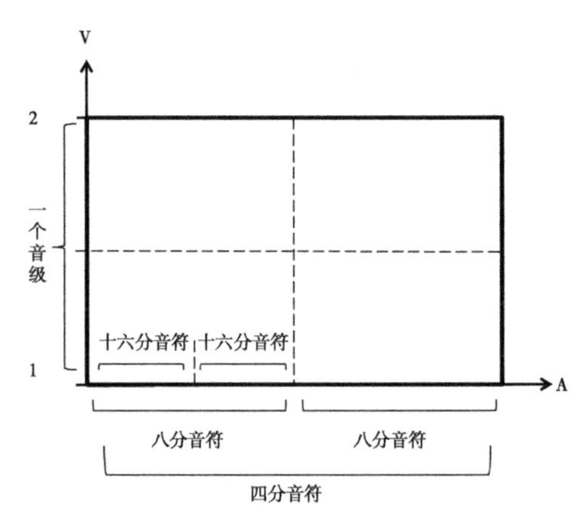

图3-6　A-V效应黄金网格基本单元

单元的黄金矩形，而基本单元由黄金矩形田字格(虚线)构成,它的具体含义解释为：矩形的长边（横向A轴）为乐曲旋律流动变化的方向，定义一个单元的长边为乐曲中音值的进行长度，代表一个四分音符的长度值，经矩形中的田字格（虚线）分割后为八分音符一个小格；根据乐曲中两个音之间的间隔单位，矩形的短边（纵向V轴），代表音与音之间的音高，即短边的间距为1个音级的距离。

三、A-V效应视网格的构成

（一）黄金比例的组构

城市空间，是分布且布局在地面上的物质空间，它介于天地风景界面之间，其空间的展开是受制于天空与地面的连接之处。因此，它的用地空间发展布局都是沿地面布置而伸展开的，其上的主要建筑等物质空间也是沿地平面集合分布。我们通常获取的城市形象图片，就犹如一张城市生活的画卷呈平行地面的矩形展现在我们面前。由于城市整体空间延伸方向呈水平状态，因此，我们将最小基本单元的黄金矩形的长边平行水平面放置组合，并以黄金矩形的模数，沿横向和纵向不断放大组合成网格，以供我们分析与制作A-V旋律轮廓线的基本网格系统。由于黄金比例的恒定不变，单位黄金矩形呈基本模数增长放大，因此网格系统必然反映了整个立面上的比例保持恒定的黄金比例。

图3-7，是我们综合建筑模数及其形态表现和黄金美学原理，结合音乐乐理常识等几个方面的借鉴和意义表达，组合形成A-V效应视网分析网格。网格设纵向为可视变化及其表现的V轴线；横向为乐曲旋律进行流动的A轴线，形成一种供A-V效应分析的坐标网格。

纵向V轴的间距为基本单元体的黄金矩形的短边，在图像中对轮廓进行勾绘取景时，它对应城市空间轮廓线立面上的高低错落的形态视觉效果；在进行轮廓线旋律分析时，V纵轴线则表示轮廓对照乐曲转换而谱写的音程高低变化以及和声或多声部构成的多层次而表现出的可视的纵向比例效果。

横向A轴向距离为基本单元体的黄金矩形的长边，在图像中进行取景描绘时，它对应城市空间轮廓线在沿水平方向上，按照承上启下、起承开合的韵律，表现出不断地起伏、流动和延伸的视觉效果；在进行轮廓线旋律分析时，表示轮廓线对照音乐旋

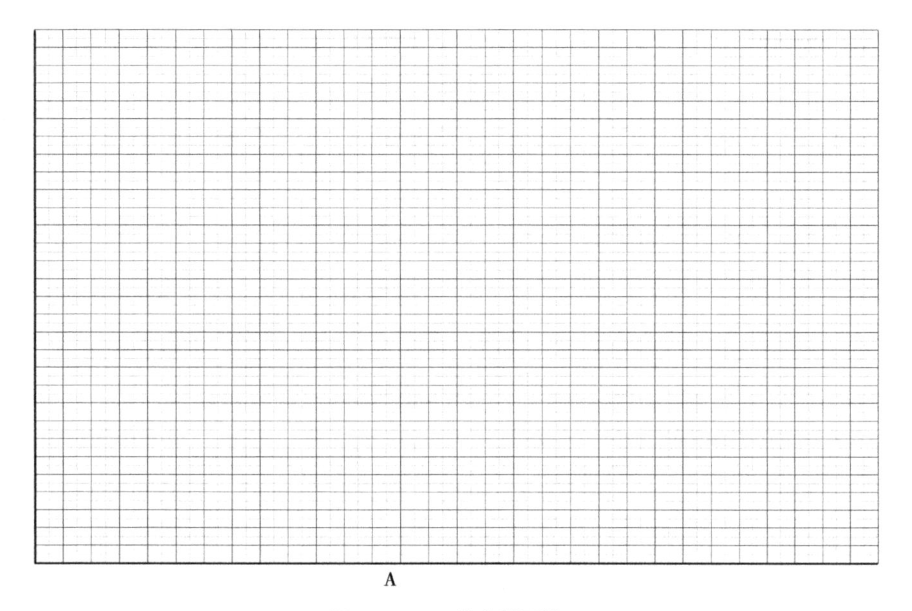

图3–7 A–V效应视网格

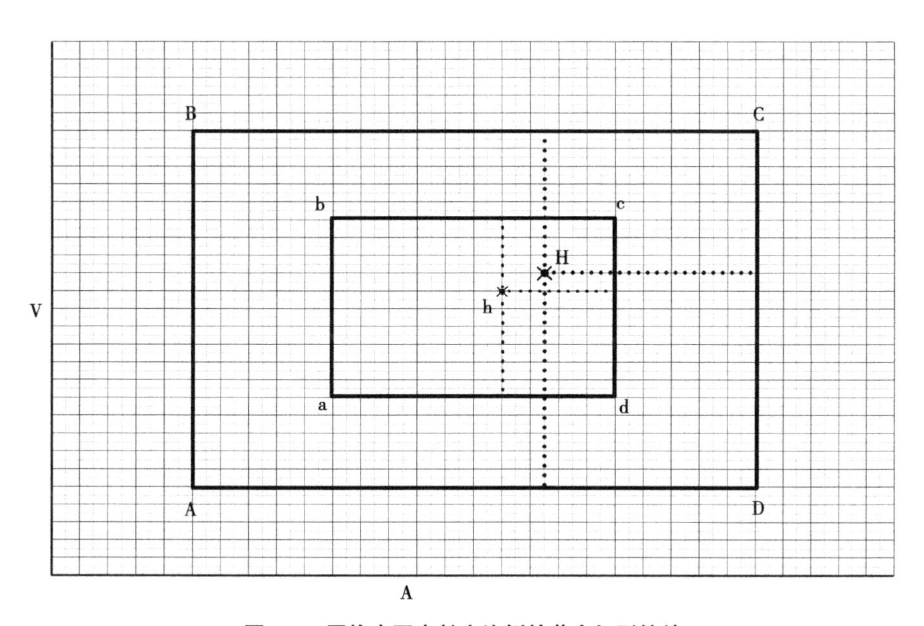

图3–8 网格中固定长宽比例的黄金矩形缩放

律转换为优美乐曲婉转流动的横向可视效果。

从图 3–8 中可以看到，这是一张 A、V 轴构成的视网格，均由黄金矩形的基本单元所构成。小单元的横向矩形组合叠砌成一张大网格，网格的横向上为 A 轴延伸方向；纵向为 V 轴升高方向。当我们仔细观察可以发现，横向放置的黄金矩形单元，实际上是纵横两个方向的堆砌组合。无论是横向还是纵向，它都成比例的增长和缩放，它表现出的特点是矩形单元可以固定比例无限地分解缩小，也可以无限地组合放大而保持黄金尺度不变。我们可以根据黄金矩形的构成原理，在一个黄金矩形中很容易地找到某个黄金分割点。只要我们选择横向和纵向相同数量和比例的矩形单元的网格，就可以很容易地确定一个任意的黄金矩形框，并找到位于这个任意选中的黄金矩形中的黄金分割点。

在图 3-8 中，我们按照纵横向的单元比例，框选一个黄金矩形 ABCD，通过矩形公式的计算方法，很容易找到它范围中的黄金分割点 H；同样，随意框选出一个黄金比例的矩形 abcd，找到它中间的黄金分割点 h。实际上，按照黄金矩形公式和黄金比例的原理，在每一个黄金矩形中，通过矩形公式都可以确定出 4 处黄金分割点来（图 3-9）。

这样的结果，无疑使我们的分析研究变得更为方便。例如，我们可以很方便地找到一幅画中的黄金分割点，或者摄取景框时，帮助我们确定主要摄取对象位于黄金点分割上，使其拍摄或描绘的画面构图变得十分美观并具有最佳的视觉效果。如图 3-10 所示，整个电视塔的高度和塔心的中央节点，就位于黄金的分割点上。整幅画面的框景和取景效果由于选择了适宜的观景角度和观景点，让整个城市区域的轮廓构图和几个组团的比例、外框和画面内部取景比例都保持在黄金矩形的范围之中，犹显其和谐的美感。倘若我们在某一个黄金矩形中，按照黄金矩形的分割原理反复地划分和框选，就会得到更多的黄金矩形和黄金分割点，只要我们将构思或图片中认为关键的视觉节点放到黄金分割点上，就会获得美感和愉悦的视觉效果。

事实上，在这个分析黄金网格中，每一个点都可能成为黄金分割点，我们只需要将选定的黄金矩形框随意在某个方向上进行移动，每一个单元矩形的节点，均为这个矩形图案范围中一个黄金分割点（图 3-11）。

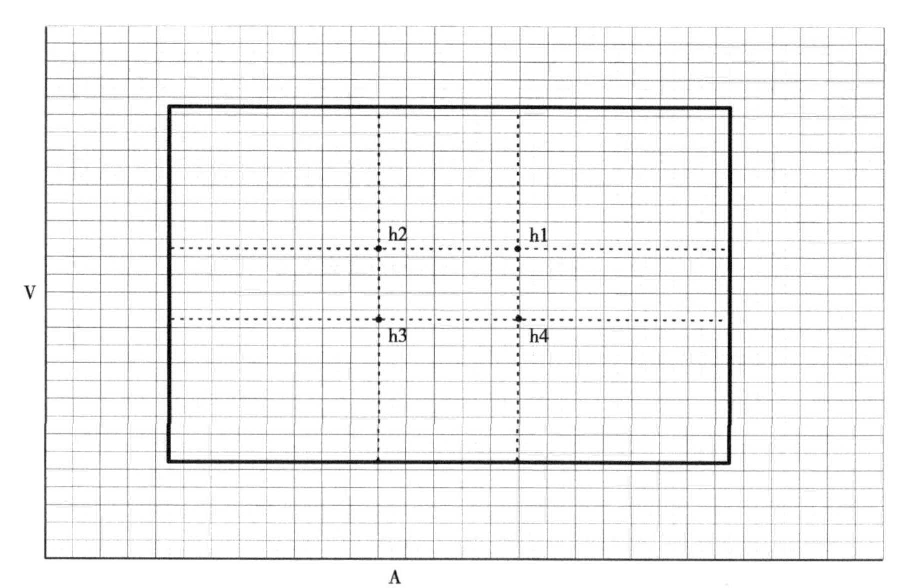

图3-9　网格中任一黄金框中黄金点的确定

图3-10 城市轮廓图片中黄金矩形与黄金点的构图效果
（示例图片选自网络）

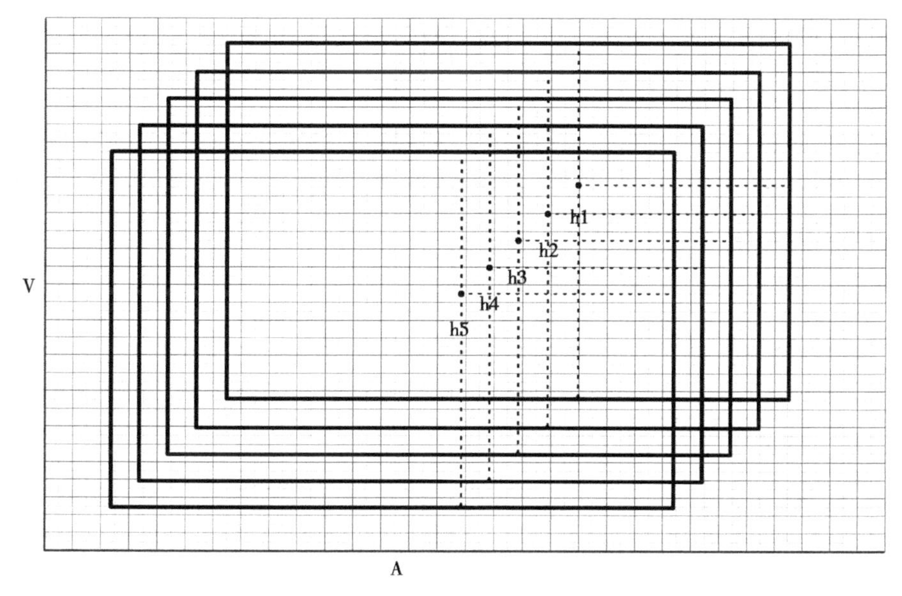

图3-11 固定尺度黄金网格中的任一黄金点

通过以上分析，我们不难看出，尽管黄金分割点可以在网格中各处分布，但是它必须处于我们某一个视域内的成黄金比例的尺寸上才具有视觉美感的意义，而其中多个黄金分割点也必须在自己框架相应的位置上,才能构成其画面的组合意义。在我们进行A-V效应视网格分析时，每一段静止的可视表现以及构图序列流动后组合形成的旋律可视曲线，它们或许在整体的视觉构图中显现出来一种旋律的视觉美，也或许在各个局部区域部分表现出旋律流动长度与振动高度和谐的视觉美。图3-12中所反映的城市空间轮廓

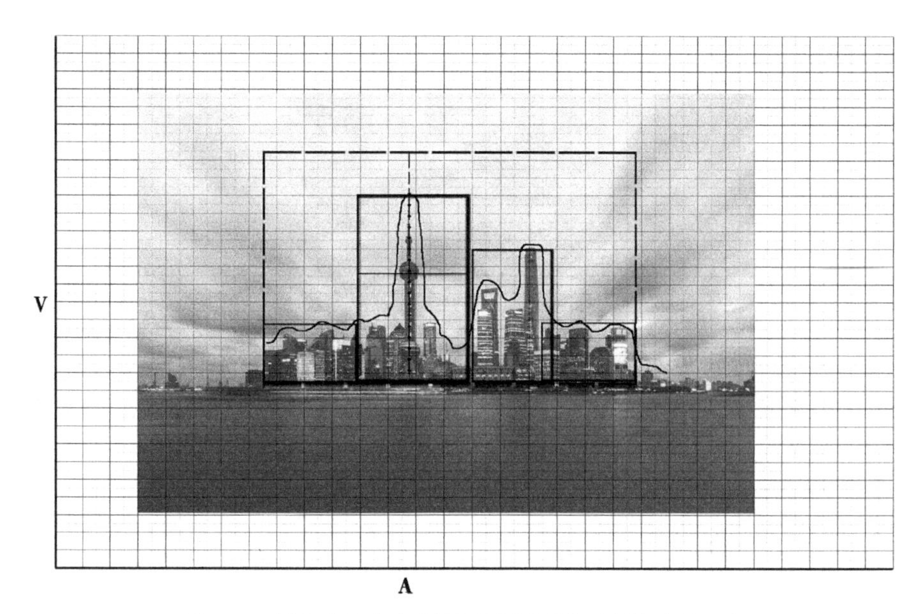

图3-12　城市中心建筑群整体构图的均衡比例与和谐尺度

图片的整体视觉感受，便是这一建筑群组合利用了整体与局部黄金矩形选择地有效组合，显现建筑高度与平面延伸所表现出的一种轮廓线条均衡与和谐美。

（二）轮廓与旋律转换构图

有了分析网络构建的基础，我们就可以利用它来对比分析城市整体空间中一些重要区域和节点的城市轮廓景观风貌的表现评价与创建和调整，同时也许会对城市整体空间设计和建设管理带来有益的参考与借鉴。

（1）进行旋律的可视转换

利用 A–V 效应视网格，我们可以开展对音乐旋律的可视性分析。对一曲美妙的音乐旋律，通过转换它们的可视效果，对其空间立面上表现出来的高低起伏的视觉感受，体验乐曲的轮廓线的组合之美。

前面我们讨论过了有关音程的乐理知识。音程是指两个音级在音高上的相互关系，即两个音在音高上的距离（单位度），是人为规定用以衡量音与音之间听觉上距离大小的量度。那么，从它的可视性转换为可视图来看，在 A–V 效应视网格中，也就表现为可视的轮廓柱状图在 V 轴上的高低关系（柱状的长短）。如图 3–13 所示，为一段乐曲的五线谱和简谱两种谱写形式在立面上的可视性表现，充分反映了这段乐曲的音程柱状图的高低变化所构成的轮廓线。

许多学者认为不同的音高反映一定的音程尺度，说明它具备数比关系，因此它可以具有黄金比例的比较运用价值。于是，认为音程在某些高度的关系上是完全协合的，如纯四度、纯五度就为两个优美、悦耳、和谐的音程，而大三和弦和小三和弦也是音响最协调的和弦，用它们的组合形成的音律比较自然、谐调。因此，大家公认的黄金音乐旋

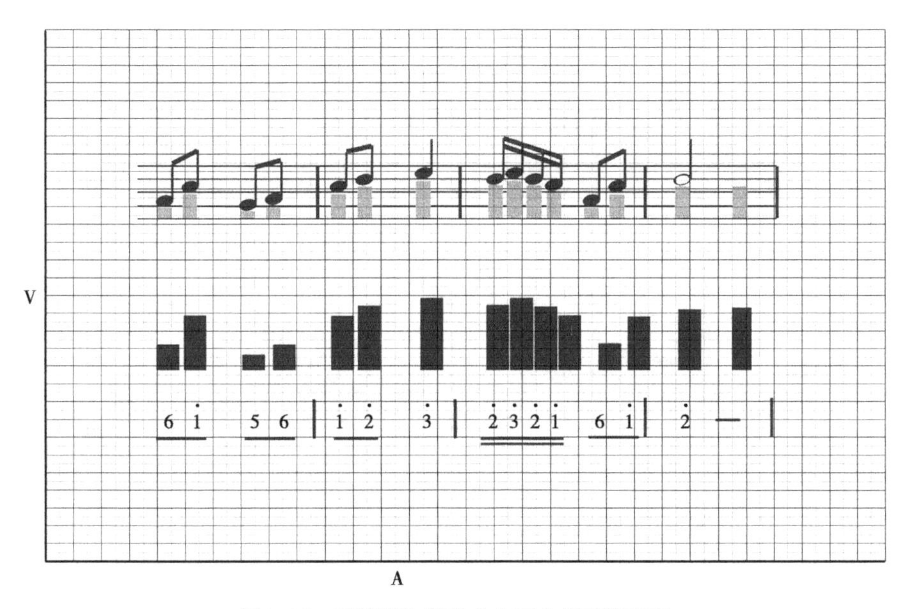

图3-13　五线谱和简谱在立面上的可视表现

律一、四、五、八这四种度数在和声学上被认为是最和谐的音程。如图 3-14 是二度、三度、四度和五度音程在 A-V 效应视网格上从立面上表现出来的可视效果。图中明显地反映出它们各自在音高上的距离，从而构成各自组合的高低尺度比例起伏的轮廓线。

除此之外，我们从乐理常识中得知，不同的音程在与其他的音乐要素如调式、节奏等结合的音乐中表现极为丰富和明显，它可分为旋律音程和和声音程。旋律音程是在节奏连续进行时所表现出的曲调进行和演进，旋律随前进方向流动和变化；和声音程是通过多声部的音乐相互组合和共同演进而组成多声部音乐，它是根据不同高度的

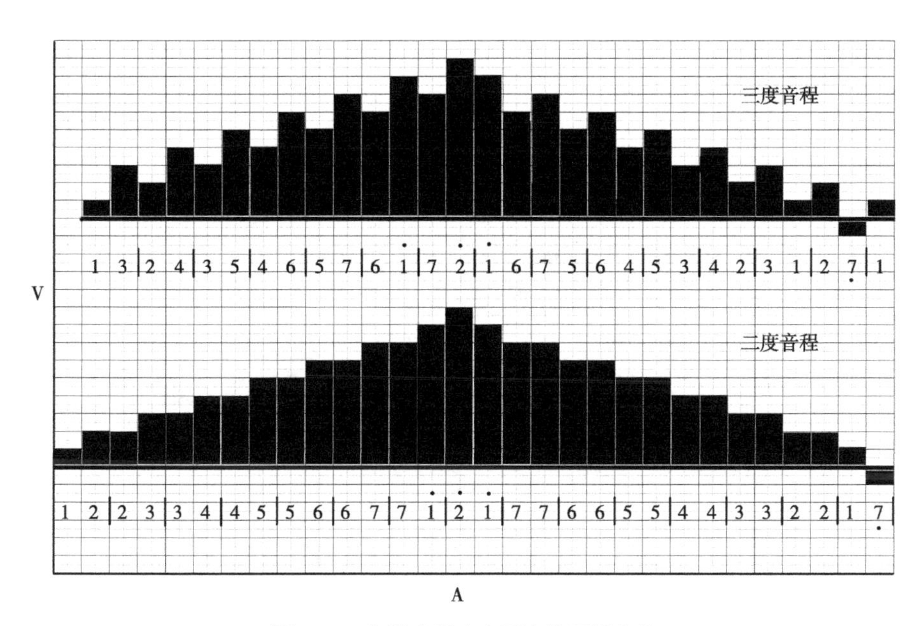

图3-14　和谐音程在立面上的可视表现

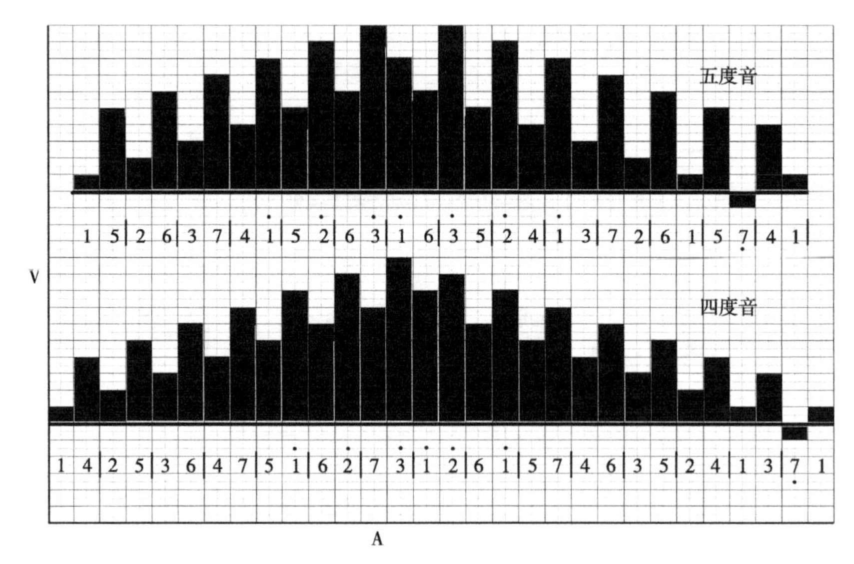

图3-14　和谐音程在立面上的可视表现（续）

音的和谐和跳跃稳定来丰富其乐曲表现。不同的音乐旋律有自己不同的情感表达，从而丰富了音乐的层次，也就丰富了可视的立面效果的视觉组合层次。

（2）进行轮廓的旋律转换

图 3-15 表现的是我们收集的某城市局部的城市轮廓天际曲线图片，利用 A-V 效应视网格进行旋律可视性表现及其转换与分析的例子。我们将其导入 A-V 效应视网格中，便可以对它的轮廓线进行构图分析。首先我们需要在图中勾绘出存在的各种轮廓曲线，如图中显示的建筑轮廓线（b）和树冠轮廓线（g）；在网格轮廓形成后，再对应网格黄金单元矩形进行对比和吻合，将得到的可视效果图对照乐理基础原理进行乐曲的分析与转换，

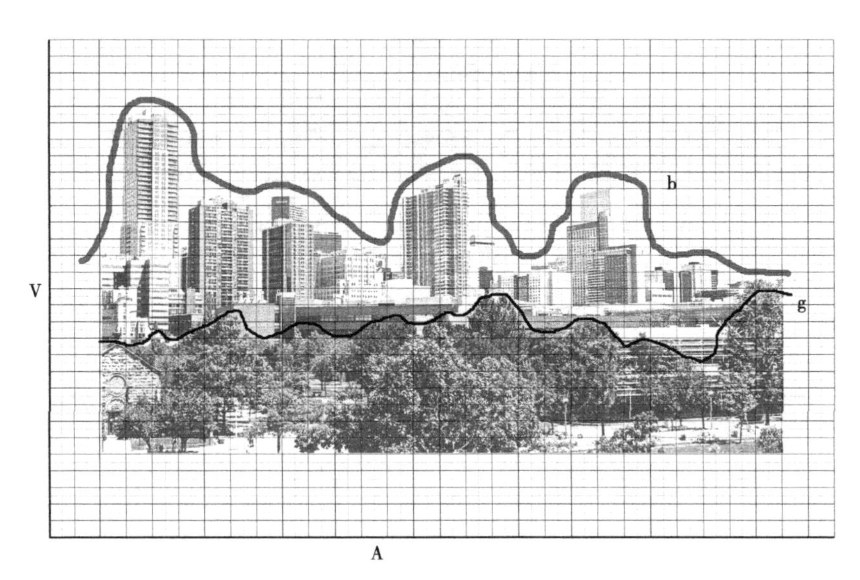

图3-15　某城市局部建筑+树冠的轮廓曲线

以便获得这一轮廓线段的旋律和简谱；完成轮廓构建分析后，我们可以对轮廓的视觉比例开展适当地对比分析和矫正，或可以配合旋律的视听效果与乐理知识，进行旋律的和声和弦比例的分析，协助我们多方面的从视觉美学的角度来追求与完善空间的和谐优美。

第二节 城市 A-V 轮廓的形成与确认

城市中所反映出的 A-V 轮廓效应的空间，主要集中在一座城市中心或多个中心，因位于这些地方的空间往往是城市商业服务居住综合体的综合商业中心，具有特定的组合空间结构，容易构成建筑主景与天空、山峦、树冠的轮廓组合形态。而且由于它们的组合高度突出于城市平均高度，极其适宜表现城市空间景观的“冠”，为城市轮廓线的形成与设计打造创造了条件[10]。但是，如果要使得城市的轮廓线得到很好地展现，并且形成具备音乐般美妙旋律的视觉感受，我们必须在城市规划与城市更新中，结合城市用地的科学布局与对地块的有效控制，进行科学而有效地城市空间设计；必须考虑城市整体的空间格局与合理的分布，立足于先规划后建设的科学程序，进行一座城市在整体空间环境上的视线、视域的分析，以及城市高度的分布和控制。对城市空间高度的控制，不仅要从地块的功能结构上，同时也要从城市景观风貌与城市形象塑造上，特别是对城市轮廓线的打造，进行精心地设计和重视。

对于城市 A-V 轮廓线的形成，我们通常需要通过城市的视线保护和选择观赏位置以及观赏角度等几方面来分析和考虑。

一、确定城市 A-V 轮廓景观的视域与位置

一座城市突出的空间轮廓线观景效果，应该尽量选择最佳的视域框景位置。例如一座城市具备了江河、湖海的宽敞水面；城市中心河流滨水两岸；城市中心内部开敞空间留出的保护视线通透的广场、中心节点等，都是极好的对景和借景的区位条件。但在选择观赏城市景观轮廓线的位置时，并非城市建筑群体集中区域的所到之处均为适宜，从景观美学的角度，位置的选择应该满足一些特定的观景范围和位置才可达到最佳的景观视觉效果。因此，要能显现出城市中优美的轮廓线，能感觉到城市轮廓线优美的旋律视觉效果，我们在进行城市的空间设计时，选用城市中的某一处或某一点是比较合适的。因为尽管人们观景的时间、情感、情绪是短暂的而随性的，甚至是变化动态的，但所对应的场景则是静态而稳定的。因此，城市中一些特定的景观是处于一个定性的、静态的场景之中。在中国的古代，人们喜欢选择山水优美而健康的居住点与聚居环境就是充分地利用了处于稳定而静态的山水格局的景观环境，既获取了优美的山水形态的视觉感受，又选择了环境的优质和健康，必然视觉好，心情好，利于长寿康养。显然，视觉感受不

好的环境，也就难以保持愉悦的心态，乃至伤身、病痛，即所谓的风水环境说法。

（1）A–V 轮廓景观的可视范围

静止且稳定的景观对象，一定会找到一个被欣赏的视景范围或区域。例如我国的风景园林造景手法，就充分体现了景观对象与观赏者各自所处的地点、位置形成的相互关系的重要性，如对景、框景、漏景、隔景、借景等造景手法的设置和运用，都离不开“看与被看”的关联关系。因此通常选取的观景位置，是相对固定和静止的，通常是在人们停留时眼前所面对的、以某一处形成视域框景效果来进行赏析。

框景是中国古典园林中最富代表性的造园手法之一。中国古典园林中的建筑门、窗、洞，或者乔木树枝抱合成的景框，将园内或园外的山水美景或人文景观包含其中，有选择地摄取空间的优美景色，形成将画面镶入框中的造景方式。要使框景能得到较好的观赏效果，视角和视距就会起到关键的作用。一般情况下，根据静态空间中观景的视距规律，框景在景物高度的两倍距离以上，视角宜在 27° 左右，画框就容易获得最佳观赏效果，这一视域内便可构成最佳的画面。当我们在城市中的某一位置对城市轮廓进行欣赏时，实际上就是在人的视域范围内对某一画面的框取，类似于摄影取景。根据人眼的视觉特征，人在正常静态情况下，通常的基本视域，垂直视角与水平视角分别为 130° 和 160°，但最佳的鉴别率范围，垂直视角小于 30°，而水平视角小于 45°。人们静观景物的最佳视距一般为景物高度的 2~3 倍或宽度的 1.2 倍。有学者研究认为，建筑物与视点的距离与建筑高度比的视角为 18°、14° 时，便可以更好地观赏建筑群体全貌；视角为 11°20′ 左右时，可观察建筑物群体高低错落的空间轮廓线[10]，这对于建筑物所处环境的研究尤为重要。因此，能观察到城市空间建筑群体组合的景物轮廓视距约为 500 米左右（图 3–16）。

由于构成城市整体空间的轮廓主要为建筑群体组合后呈水平向延伸并展开，垂直视角的视域范围明显会受到建筑高度上下极限的限制，因此，在分析城市空间轮廓时，我们主要还是更多地考虑水平视角视域宽度的因素更为符合轮廓旋律视觉画面的延续

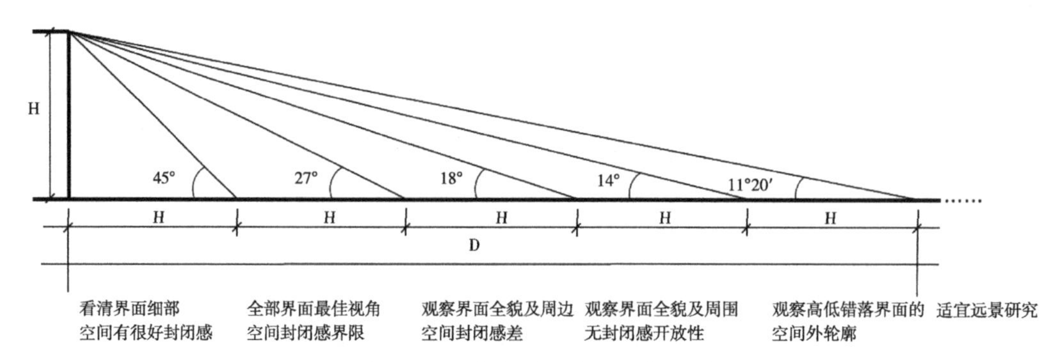

图3–16　侧界面高度与视角关系图

（资料来源：徐思淑等，《城市设计导论》，1991）

和流动方向的特性。

总之，针对以上从视角和视距角度的分析出发，并非拘泥于固定的角度和尺寸关系，而是要结合城市整体空间的多种影响因素等复杂情况，寻求一些规律以创造尽可能理想的城市轮廓线的静态观景效果。

（2）最佳 A–V 轮廓景观视域环境

最佳视域环境的创造，包括“看”与“被看”两个方面的各种条件。从景观的设计方法上讲，视觉环境的创造首先应该重视近、中、远距离视景和仰视、平视、俯视的视感。但对于城市整体空间的风貌来讲，我们则更需要注重远视的视觉环境的创建，因为远视更侧重于注重城市的轮廓。当远距离观看时，人的视觉更多的是通过对刺激图形的特征把握来加以鉴赏。所以远视则应重视轮廓，重视气势。这是由于空间距离较远，景象的色彩、质地的对比和群体内在的联系被淡化了，只有强烈的控制形态——轮廓线支配着人的视觉。因此一座城市的城市整体空间风貌的集中表现，总会设计多处较大的、较集中的建筑群天际轮廓线的景观表现。

因此，我们对它们所在空间中各景象构成要素之间的合理组织，秩序的追求，层次的变化，动静交错，高低起伏等整体与局部关系的和谐等，需要特别地加以关注。

（3）城市轮廓景观视线与保护

在现代城市规划建设中，特别针对城市历史景观及其历史环境的空间保护是普遍存在的一个较为薄弱的环节。主要表现为：一是城市建设中的空间景观设计，没有根据城市的历史文化很好地分析和考虑其景观的分布和视线。即使在城市景观上注意了对空间的控制，也没有结合更远层次的外环境与内环境的景观交换，忽略了存在与建设中景观视线的点对点分析研究，对景观内、外双向空间的分析还不够。二是在针对性的城市历史景观和建筑布置方位上，缺乏对广场、公园等休息和驻留节点的布局位置的考虑，没有将景观与建筑二者有机结合起来，尽管留下了历史的物质空间，“保护和围合”做了大量的建设工作，其周围也布置了环境过渡区或环境协调区，以示对它的保护和重视，但却忽略了它在历史上与周围或远处的借景关系和与环境的继承性。因此，我们在确定城市中建筑景观群的组合所带来的轮廓景观表现区间时，应该注意与以下几个方面的城市空间形态的保护和协调：

①城市景观透视线的形成与作用

城市景观透视线，涉及对城市的历史街区和宝贵的历史文化遗产的保护与发展，涉及整个城市空间作用和空间控制等多方面相互关联和影响。

首先，我们必须先搞清楚城市的外部空间——大环境格局。城市历史上空间环境的形成，往往是依赖四周的整体环境而选择的城市位置。古代历来重视城池大环境和居住小环境的格局分布与自然要素的构成，其目的就是要寻求与评价一个适者生存的综合且优质的环境。当在城市中某些方面不能满足或存在缺憾的时候，就需要进行山、水、林、路、塔、楼、廊、桥、坊等自然要素和建筑元素上的补景和修景，利用对这些物质对象的合理布置来控制风向、风速、背山、面水、朝阳、远眺等多方面的因素影响，以尽可能地达到宜居环境的条件。除了历史上的许多王城的建设以形制布局为特征外，大多数小城镇的城池布局，正如《管子》之说“凡立国都……因天材，就地利，故城郭不必中规矩，道路不必中准绳。①”其中之意，不外乎就是提倡选城择地要因地制宜，依山就势，利于既得，度者自取，只要满足和利于居住和颐养，即为上乘。因此，历史上的很多小城市、聚居、村落，均按照有利的山水地理环境进行布局。这些古老的村落、城池，正是在现如今还留存的遗址上演变发展起来的诸多的历史文化名城，也是前人给我们留下来的宝贵的景观财富。这些所谓的历史文化名城的共同特征大多是在城中可见有悠久历史文化价值的遗址或遗迹，如历史上的城墙、道桥、亭、台、楼、阁、寺、观以及水陆驿站等历史遗存景观，对于这些遗存的遗址点位，即使修复、更新乃至重建，一般都尽量在原址上进行。然而，即使物形不在而又多为仿建，但它们却依然可能维持着选址造景和修景的环境空间格局，成了现代城市中不可多得的历史文化遗产和游览观光的胜地。现如今，大都只是尚存遗址或遗迹的狭窄空间，四周被现代化高楼所围困，难以再有“锦官城外柏森森”的空间环境共依托，一个个被保护的遗址（点）成了建筑森林中的“井底之蛙”，失去了环境视线的通透，犹如断了线（视线）的风筝，许多历史景观的内部物质空间全被高楼大厦包围或淹没。如图 3-17 中，标注有某历史城市位于城中心的一处广场，历史上曾是宋代“凡夔州一道，东望巫峡，西尽郁鄢，林泉之胜，莫与南浦争长者也！”②，意指“整个夔州道所属的地方，东起巫峡，西至宜宾，若论风景之美，真没有哪一处可以和南浦相比”。现如今，池

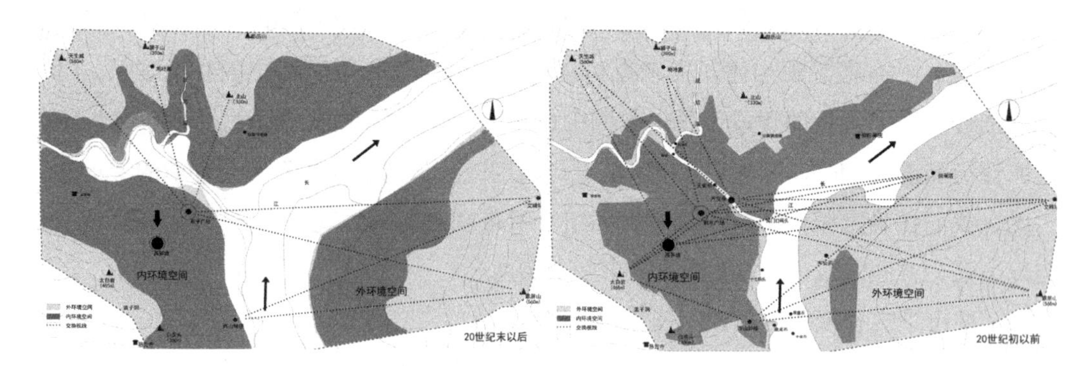

图3-17 某城市20世纪以前与现在的景观空间视线对比

① 《管子·乘马篇》：“凡立国都，非于大山之下，必于广川之上；高毋近旱，而水用足；下毋近水，而沟防省；因天材，就地利，故城郭不必中规矩，道路不必中准绳。”

② 宋代书法家黄庭坚所写“西山碑”，被誉为“海内存世，黄书第一”。石刻现存于重庆市万州区（古称南浦）高笋塘流杯亭内。宋代时期曾有“鲁池胜景”。

塘无踪影，四起高楼，视域内的景观视线已经完全消失。一处遗迹遗址，不能仅仅是指一座建筑或一个节点，它必然应该是包括了与其息息相关的周围环境空间，这是一个密切组合而不可分割的空间整体。现在的意义就是包含了建筑与环境之间的视线走廊。古人讲“前朝后市，左祖右社”的规制、形制，后山前水，左丘右坪等，均与这间房有着密不可分的牵连，失去了魂也就等于没有了形。

如前章已述，古人为自已选择山水环境优美的城址和村落，选择了适者生存的居舍空间。同时，优美的山水格局，又成为居住者们的园林环境和风景，难怪世世代代持续继承相传，其实风水环境就是一种优秀的山水如画的格局。其实不仅仅是古人，我们现代的花园、公园，都反映了人人向往居住在风景怡人的环境之中。现如今，人口爆炸，城市拥挤，我们不得不居住在了高楼的笼子里，但谁又情愿被四周的建筑阁楼遮挡呢？谁又不愿意让自已的“笼子”多出一丝空隙投进阳光呢？何尝不想坐等于房屋之中，让视线通往山山水水、蓝天白云、林草花木呢？由此可见，居住于城市之中的人们眼前的视线是多么的重要！同理，一座高楼密集的城市中透视线更是何等的重要！历史给我们留下来的文物、古迹和山水景观正是我们城市中的重要景观节点，特别是位于城市外环境中的风景节点。而城市景观轮廓线，犹如为拥挤在嘈杂的巢穴打开的一扇明亮窗户，让居住在城市里面的人们不时地看到一幅徐徐展开的山水风景画卷，生命般地流动着，起伏着，心情顿觉开朗和舒畅。

我国历史上的城镇建城由于重视环境空间的选择，形成并留出了很好的景观透视线，让城里城外进行交换和借鉴。它们几乎总是按照山水园林的要求来布局城市空间，包括公共空间和居住空间，都离不开景观要素组成。我们曾经研究过历史古城镇古村落等空间的构成，认为它们总是遵循着一种景观的“逆向空间”的建造方法①。

逆向空间的主要含义是指一座城池环境空间的形成，主要依附于外部环境空间，来限定和影响内部环境空间构成，从而形成城镇内外景观空间延续和谐的组合与序列的空间形式。它具有一种中国传统景观意识下城镇空间的有序组合特征，强调天、地、人、情和谐交融，无疑与中国数千年城池、村落选址文化有着必然联系。不仅如此，它还超越了选择山水城址的一般理念，其内部空间的转折、阻滞、交汇等形式多变，宅与巷、巷与人之间的尺度宜人，并被更多地融入了人的行为和感受，共同组合而成十分丰富的空间环境。逆向空间也可说是空间构架中把空间景观由外到里，由表及里、巧于因借而形成的整体空间格局，是利用城镇内、外景观相互联系而构建的空间形态组合，它由城镇外围的空间和城镇内部的空间构成。逆向空间构建的原理，强调人的生存生活与自然的高度和谐，很早以前人们就将自然环境与人类情感融合起来加以思

① 袁犁，姚萍. 历史文化城镇逆向空间序列特征研究及其意义[A]. 第二届“21世纪城市发展”国际会议论文集——全球化进程中的城市本土性. 武汉：华中理工大学. 2007：342-345。

考。由此可见，城市内部的空间与外部环境空间的有着千丝万缕的联系，我们在重视保护城市内部物质空间的时候，千万不可忽视了对物质外部空间，乃至整个城市外部环境空间的保护利用，特别是具备内、外交换对景的空间节点。

②城市景观透视线的保护

城市外部环境空间对城市格局的影响作用显而易见，反映了城市中环境景观视线保持通透的重要性，而且景观透视线通常要求城市内、外两点都能同时确定对方的位置并保持通透，如望塔、望海、望山、望水等，它们均为历史时期环境空间的相互选择与依赖。另一方面，内和外形成的透视线在城内通达位置的选择，既能保持与外环境的视线交换，同时又要尽量规划设计成为城市空间轮廓的借景、对景的节点或场所，它们三者之间要形成有机的联系和共同的观景作用。这就要求我们在进行城市规划和城市设计的时候，必须周全地考虑整体空间的关系。

如图 3–18，为苏州拙政园保护规划的平面示意图。为了保护历史文化遗产，在进行城市规划过程中，需要划定文物古迹和风景名胜的保护范围，其目的就是确保文物古迹和风景名胜所处的传统历史环境。为了使保护范围切实有效地发挥作用，常根据不同保护对象的需要划分为保护历史古迹及其环境原貌的严格控制区，环境协调区和视线走廊区。特别是针对视线走廊区，主要针对高塔、制高点的楼台、亭、阁等建筑，保证其视线通透而设立。这种视线走廊地带可以利用地形、道路、水面、绿化空地和利用低矮建筑上空等空间来实现。图 3–18 中的绝对保护区即为严格控制区；主要保护区和控制保护区即为环境协调区；拙政园至北寺塔的空中走廊范围为视线走廊区。图 3–19 为苏州拙政园借景 1 千米以外北寺塔受保护的空中视线走廊，反映了对历史上的拙政园内部与外部环境空间相互关系的视线保护。因此，在城市规划与城市建设

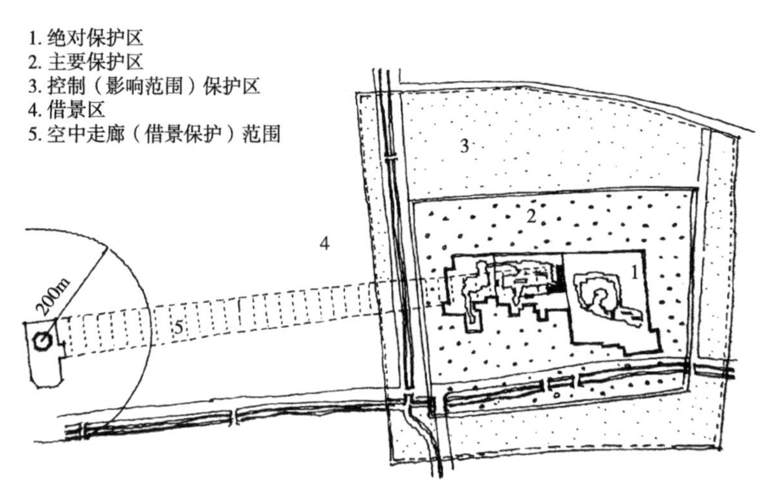

图3–18　苏州拙政园保护规划示意图
（资料来源：梁雪等，《城市空间设计》，2000）

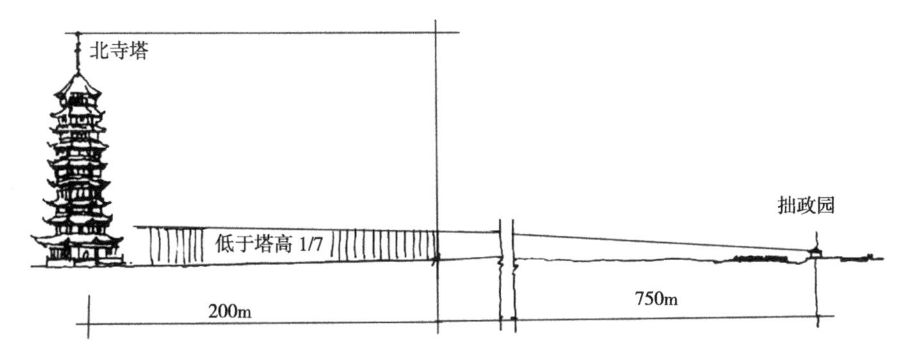

图3–19　拙政园借景北寺塔“空中走廊”示意图
（资料来源：梁雪等，《城市空间设计》，2000）

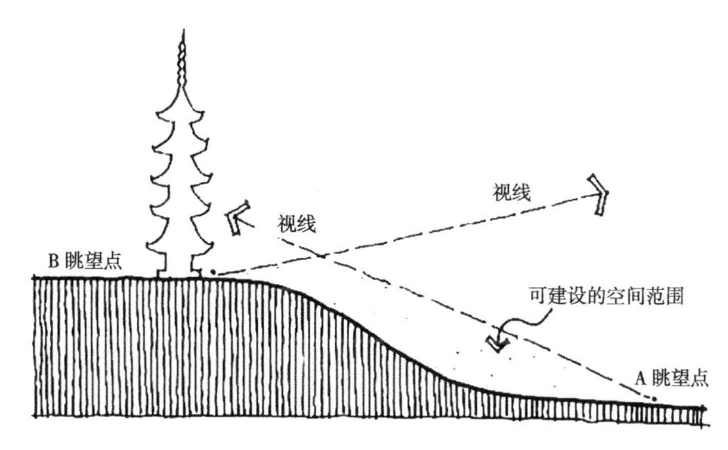

图3–20　日本奈良市景观保护计划示意图
（资料来源：金光君，《图解城市设计》，1999）

中，注意保持了视线走廊的通透。

景观视线走廊是人为规定来保护视线通透的一个空间范围，它也是一种特殊景观视域的保护，其目的就是为了保障人与自然、人工等各个景点之间在视觉上的延伸关系。因此，在景观视廊范围内不应该有任何阻隔或遮挡视线的事物存在，这就要求城市设计与建设中尽可能控制建筑高度留出视线走廊。景观视廊范围可以为条带状或面状，视域可宽可窄。如图 3–20，为日本奈良市景观视廊的保护计划示意，当人们在很小的范围内移动视点观赏景物时，形成的景观视廊为条带状，这时的视点通常较低（A 眺望点）；当视点处在较高位置时，由于视野较宽，景观视廊呈一面状（B 眺望点）。为使人的视线能够由眺望点观赏到景观对象，在景观视线走廊的范围内不能进行有遮挡视线的建设。

图 3–21，为日本京都市东山景观控制图。从平面上可见，观赏者可在左侧的一个范围内移动；从剖面上可以看到在这样一个景观视廊面以下才能进行建设，让人的视线最低点至少处在东山的山腰部位，才能观赏较为完整的山体景观。

奈良时代末期，桓武天皇将首都迁至平安京（今京都），在日本“大化革新”的历史背景下，当时平安京的城市建设者们对盛唐长安城的规划布局进行研究，充分学习

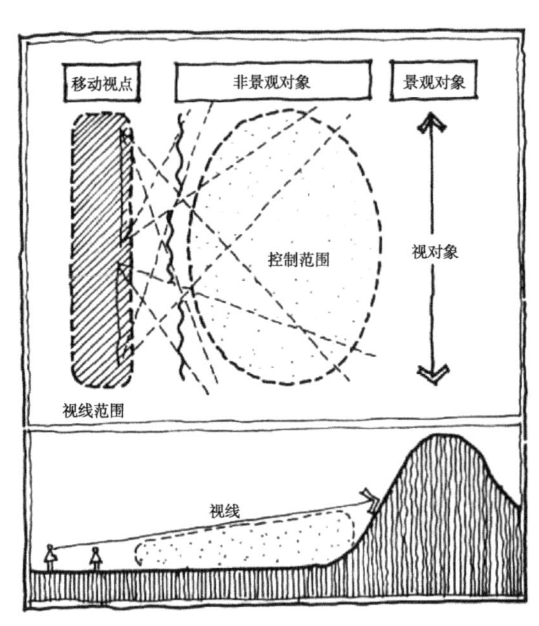

图3-21　日本京都东山景观控制图
（资料来源：金光君，《图解城市设计》，1999）

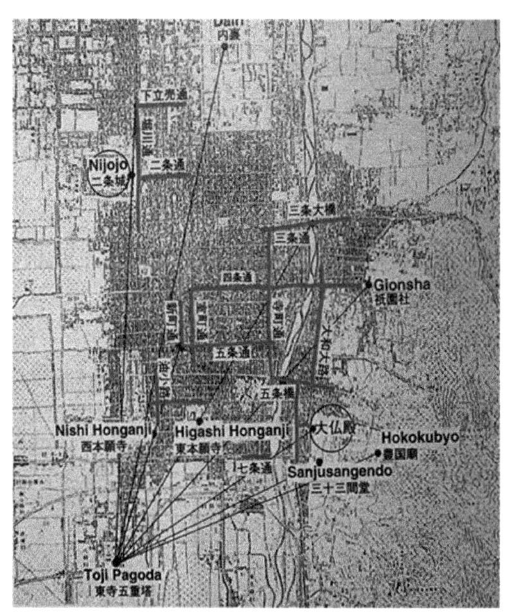

图3-22　《舟木本》京都道路网与标志建筑
（资料来源：（日）山崎正史，《京都都市意匠》，1994）

唐长安城的功能布局的理念与景观打造的手法，采用象天法地的规划方法与思想，在日本建造出一座极具有传统风水特征的历史文化都市。平安京的城市景观特征与唐长安相似，皆以寺塔作为点、道路作为线、功能区域作为面，并形成以寺塔高阁、轴向街道、区域空间等为主要景观要素的市坊制都市。在现代城市建设中，京都都市充分考虑城市外环境中的山水格局，将古老的历史时期修建于东部灵山、音羽山之上的清水寺、高台寺等寺塔高阁的对景、借景手法的运用，保持至今，使得位于山体的寺塔不仅能获取良好的城市景观资源，同时对于城市内部而言，清水寺、高台寺等外部景观也与城市内部之间进行视线交换。

现代京都都市是全日本景观政策最为严格的城市，为保护京都市内具有历史风貌的片区，京都市对城市内的建筑高度、建筑风貌等做出了严格限定。在 2004 年日本出台的《景观法》中，政策具体细化到了对城市中可供眺望和俯瞰的城市景观视线的重点保护。如图 3–22 中京都都市内东寺五重塔，为平安时代日本迁都平安京时修建，中途虽屡遭毁坏，但经过多次重修，东寺五重塔仍然屹立在东寺之中[21]。作为日本最高五重塔的东寺五重塔，与周边寺塔相比，在景观眺望上具有不可比拟的视线通透优势，得益于京都都市政府景观政策的颁布和对建筑高度的严格控制，目前东寺五重塔作为城中视线点的交换空间，能眺望大半个京都城，可与外环境中的清水寺、西大谷、三十三间堂、二条城等大部分景观产生视线交换（图 3–23），特别是现在城中的一些护国神社、二条城、光德公园、祇园社等开敞空间，成为市民驻足、滞留和休憩活动

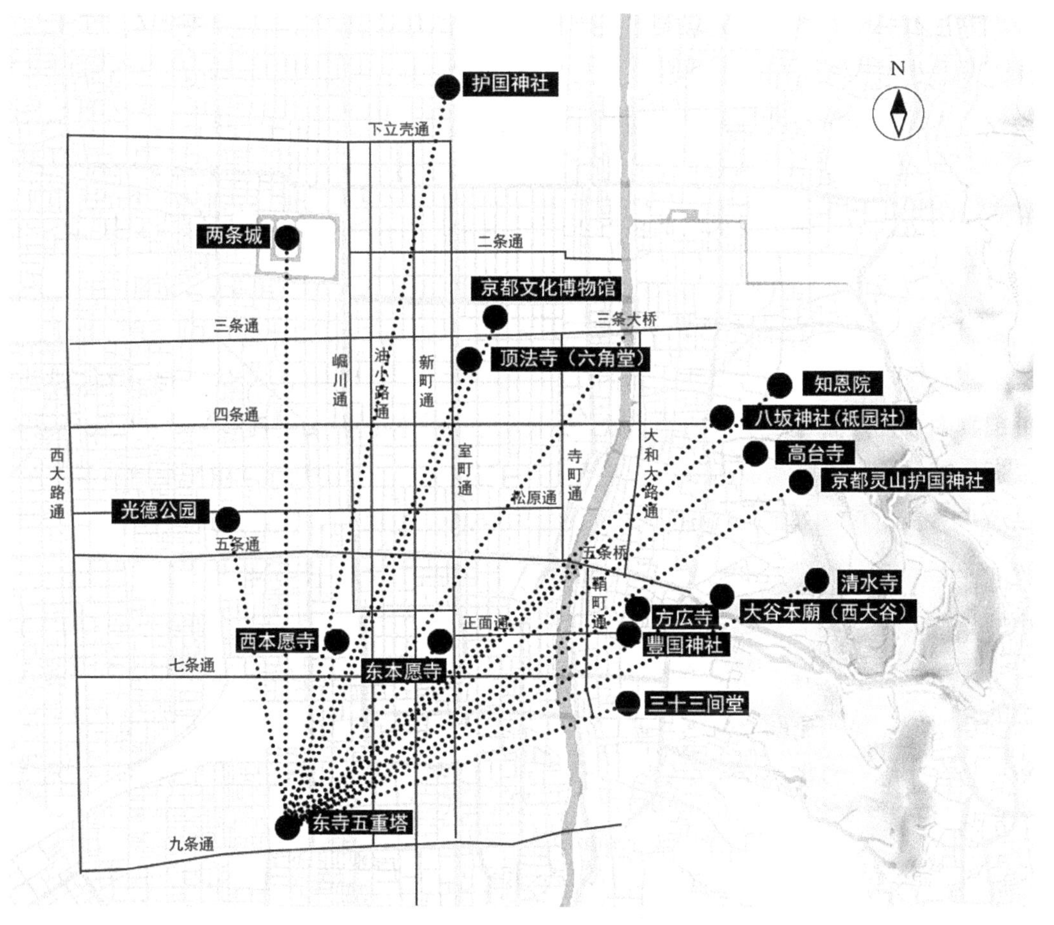

图3-23　京都东寺五重塔景观视线保护

的空间，也保证了对望五重塔的景观视线（视域）的通透。

京都独特的轴网街道形式，在城市景观视线的引导上发挥了巨大作用，路网轴线具有强烈的景观指引性，它使得身处其中的人们的视野得以延伸，很容易与城外的环境空间产生景观互换，从而使整座城市的空间交换变得丰富且富有层次感，让这座古老的城市与自然的山林环境高度融合，丰富的山脊线与亭台楼阁传统的建筑轮廓线起伏交错，韵律流畅和谐。

因此，在城市中，应该根据历史上的存在的优秀环境景观或可以借景的现代景观，作为丰富城市环境、美化城市风貌的对景对象，要适当为它们留出可以借景的外环境作为视线走廊，这样就能让人们在观赏城市街景的同时，要保持视线通透，还能观看到较远处的景色，将城市外的风景借到城市中来。在城市中，对这种景观视线走廊（视域）的保护主要还是依靠限制建筑物的高度和密度及其布置的位置来实现，以防止城市中某些景物被建筑物遮挡。同时，也可能影响到建筑轮廓以及城市整体轮廓线的起伏控制。

为了保证与创建城市空间优美的景观效果，我们在进行城市空间设计时，可以考虑和注意以下几点：一方面要根据城市所确定的各景点、景线的景观等级，合理地确定其观赏范围和最佳视线走廊；另一方面，城市中的各种景观要划分主、次和一般类型。因此在景观设计规范中，通常先将景观分成一级、二级和三级景观等级，其中的一级景观最为重要。然后，再分别确定这些不同等级景观的观赏范围和视线走廊。越是重要的景点，越是要求它能在更多的点和线上直接被观赏到，这就需要我们通过控制建筑高度来加以实现。

（4）城市 A-V 轮廓线观景与场地选择

北宋诗人苏轼《题西林壁》古诗句：“横看成岭侧成峰，远近高低各不同。不识庐山真面目，只缘身在此山中。”其意为:从正、侧面分别看山岭连绵起伏、山峰耸立；从远、近、高、低处看，山峰呈现出各种不同的样子。这表明了景观环境的步移景异的效果，也可以理解为观看景色可以选定不同的观景点。又如宋人郭熙所说：“山正面如此，侧面又如此，背面又如此，每看每异，所谓山形面面看也。”[①] 其意思是，在山的画法（设计）上，要注意从山的四个方向来观山的轮廓形态各有不同，而且形态各有千秋，都很好看。在城市的空间环境建设中，我们应该事先认真仔细地做好调查与分析研究，做出空间景观的规划设计方案。选择好城市整体空间景观构图的观景区域与位置，综合考虑城市空间的有机联系，以形成在城市中多方位有效观赏最佳的景观空间风貌。

对于园林景观来讲，造景方法的使用固然可以因景设框，因框设景，由于受到范围和空间的限制，完全可以充分细致地进行打造。但是对于城市整体空间的景观，特别是城市空间轮廓景观，空间范围大，组合多样复杂，往往形成的景色深远而悠长。因此在造景、对景、框景手法的运用上就不可能像精致的园林空间中因景设框、因框置景那样单纯和直观，或许需要更多地考虑深远、宏大的视线效果范围。因此，我们在城市市区选择和布局场所和位置时需注重以下原则：

①应尽量选择布置在与城市历史上形成的内外环境空间的视线交换保持一致的视线范围，同时又能观赏到城市市区最佳且优美的空间轮廓；

②除了注意选择最佳的观景方位，还需选好具体的观赏地点。最佳的观景点（处）不一定就适宜作为市民观景的位置，例如没有规划保护的山崖边、山顶；不规范的林间或小路；没有安全设施的湖海、江河边缘等处。另外，不要在登高、临崖、生僻之处寻找与摄取最佳镜头。许多摄影爱好者的确拍出了提供了很多漂亮的城市图片，但是拍摄的地点和位置，是一般人们难以去到的地方，因此不宜考虑作为观景的位置和角度；

③观景地点（台）应布置在适宜景观观赏角度的位置或区域，避免摄取景色不当

① 宋·郭思《林泉高致·山水训》：山近看如此，远数里看又如此，远十数里看又如此，每远每异，所谓“山形步步移”也。山正面如此，侧面又如此，背面又如此，每看每异，所谓“山形面面看”也。

而影响观赏效果。我们都很熟悉，当去风景区观光旅游时，时常会见到在许多美好景色的地方，总会留出一些位置设计专门的观景平台，且注明有“最佳观景点”的字样，说明此处无论是从美学角度还是气候、光影，均为摄取景色的最佳位置。因此在城市中的一些这样的节点上，设置较为开敞的平台、亭台、楼廊等休憩空间，十分有利于采用景墙、景窗、景门、景林以及框景、漏景、透景等手法来造景。

对于城市景观轮廓的观光，依据我们在对城市设计时所正确布局的市区广场、城市公园、城市滨河两岸、城市中心开敞空间等处，往往都规划设计有较为开阔的空间，视觉、视线都比较适合观赏城市风貌；特别是山水自然条件比较好的城市滨水两岸，以及城市车站、码头、机场等对外交通节点，这些位置和地点较开阔，而且往往是一座城市的重要门户和风貌展现的关键区域，因此在景观轮廓的设计方面需要重点关注。

在城市轮廓线的主要展示区域（点），供人们观景位置的视线角度要适宜，不可太高或太低。特别是垂直视线角度，高低不适的视角，均会对轮廓线的组合类型和层次造成影响和破坏，使得城市轮廓线的空间旋律的美观程度受到影响。如图 3–24 左，取景位置的观景视角偏小，难以突出城市轮廓的旋律曲线，而且图片取景位置来源于高层建筑，观景位置不具有公众到达性质，不能作为城市观景空间；图 3–24 右，拍摄于山顶，属于城市空间偏高的鸟瞰视角，难以突出建筑层次和有序而流畅的旋律组合；而且取景于山顶，范围太大，缺乏城市空间起伏的重点，难以突出城市轮廓形象。

二、城市 A–V 轮廓景观的层次划定

在城市中主要空间轮廓表现区域与观测位置（点）布置的基础上，需要对我们拟作为分析对象的城市轮廓线景观类型进行层次划分。前面我们已经讨论过城市轮廓线的基本类型与组合，它是我们分析研究其构成乐曲旋律的基本元素和条件。

图3–24 不适宜的轮廓线观景角度

我们在进行轮廓线分析时，要根据轮廓线的组合类型，主要通过结合景观层次来确定 A–V 效应的旋律的视觉表现组合（表 3–1）。

城市轮廓线组合类型及其表现特征　　表 3–1

轮廓线组合	A–V 效应景观层次组合	A–V 效应旋律表现特征
天际 + 山形轮廓	山体——主景	单声
天际 + 树冠轮廓	林冠——主景	单声
天际 + 建筑轮廓（平原）	建筑——主景（单、多层次）	单声、和声
天际 + 单层次建筑轮廓	建筑——主景	单声
天际 + 多层次建筑轮廓	建筑群——主景、背景、前景	和声
天际 + 建筑轮廓 + 树冠轮廓	建筑——主景 林冠——前景	和声
天际 + 山形轮廓 + 建筑轮廓	建筑——主景 山体——背景	和声
天际 + 山形轮廓 + 林冠轮廓	山体——主景 林冠——前景 林冠——主景 山体——背景	和声
天际 + 山形轮廓 + 建筑轮廓 + 树冠轮廓	山体——背景 建筑——主景 林冠——前景	和声

第三节　A–V 效应视网格分析步骤与方法

一、图片采集与整理

我们首先根据城市中的公共空间，如开敞公园、中心广场、站前广场以及山水城市的滨江两岸、半山眺望台等地点，选择好适宜观赏城市轮廓的视线或视域位置，进行城市轮廓图片的拍摄与获取。若有必要，还需进行图像的后期拼接与处理。由于，城市轮廓线在水平方向上往往延伸较长，因此须注意获取图片的完整性，以便充分反映出完整、流畅的城市轮廓（图 3–25）。

二、图像导入网格制作轮廓曲线

（一）导入图片

将处理好的图像导入 A–V 效应视网格中，然后调整好图像使其处于中央的位置，注意尽量不要让图片被拉伸变形，以保持图像视域内景观轮廓的高、宽比例，特别是城市建筑群的比例，不可变形。网格单元要尽量与建筑层数保持比例和一致。要让图片的边缘线或图中的对象元素的各种横竖线条的比例尽量与视网格中的黄金网格成比例吻合（图 3–26）。

图3–25 摄取城市轮廓景观图片
（示例选自网络图片：https://weibo.com/u/2520105577）

图3–26 放置图片，调整其整体比例与网格单元吻合

（二）勾绘 A–V 轮廓参考曲线

首先，根据建筑群的空间形态勾绘出轮廓的参考曲线。勾绘线条不必太拘谨或苛刻，尽量靠近建筑群形态外轮廓起伏进行勾绘，形成一条圆滑、流畅的曲线即可（图3–27）。但需要注意的是，对于轮廓线的起伏与摄取，我们规定建筑高度以屋顶的屋脊为高限，避雷针等尖体部分不计入轮廓之中。

（三）校正 A–V 轮廓线

得到轮廓圆滑曲线以后，再根据视网格中的黄金矩形网，遵循矩形线的轮廓对曲线进行校正。校正时，采取就近磁力依附最小单元的黄金矩形框线投影的原则，横向上可以取半框中线（代表 16 分音符），竖向上取一格框线，按照少退多进的规则在单元矩形上先确定磁力节点（图 3–28）；然后，进行节点连接校正。注意，矫正时尽量

图3-27　勾绘轮廓线

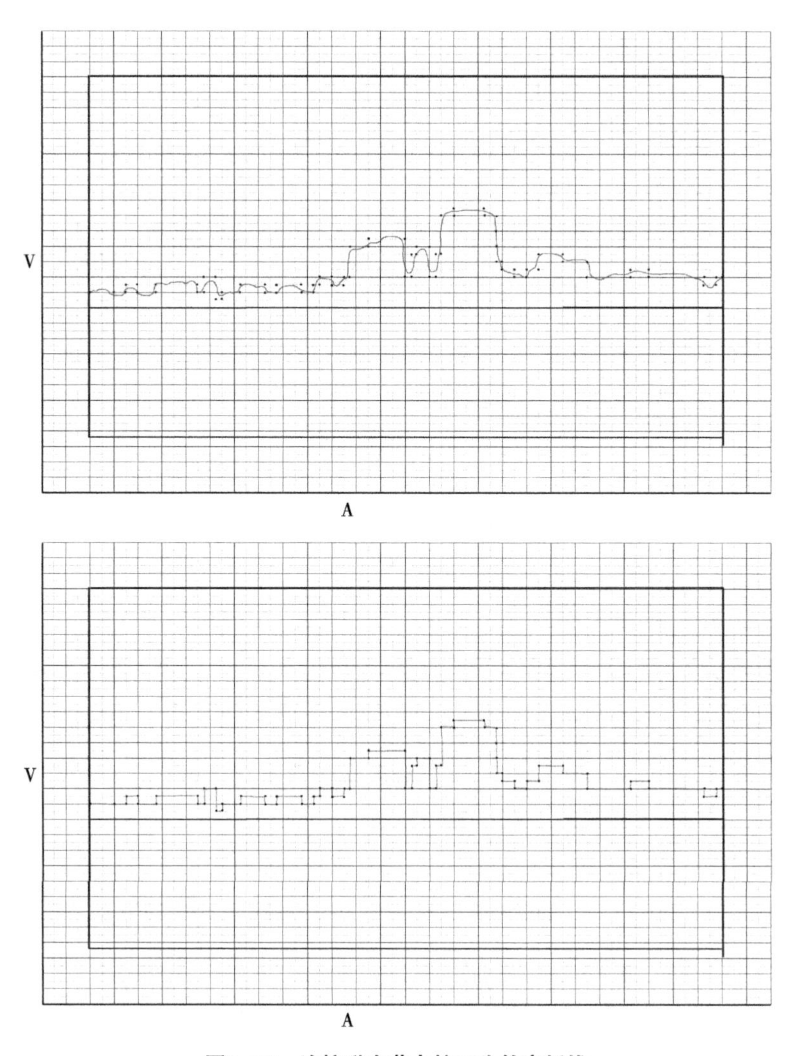

图3-28　连接磁力节点校正为轮廓折线

图3-29 校正后的轮廓折线

靠近最近的矩形线进行线段逐步逐段通过节点坐标连接节点形成轮廓折线（图 3-29）。

（四）根据轮廓折线绘制 A-V 单元柱状图

获得轮廓折线之后，需要根据图像中建筑群的基础所处位置，确定便于进行旋律分析的水平基线，也即乐曲基调起始线。注意，任何一张城市空间图像，均以分析图片中建筑基础与地面的接触部分为基线，需要认真仔细地进行选取，因为我们后面将在转换旋律时，以此作为乐曲的基调线。然后，再根据轮廓折线与水平基线所占据的视网格单元矩形框面积，分别制作轮廓线在水平基线上的投影柱状图，由此模拟出建筑尺度的立面高度柱状图（图 3-30）。

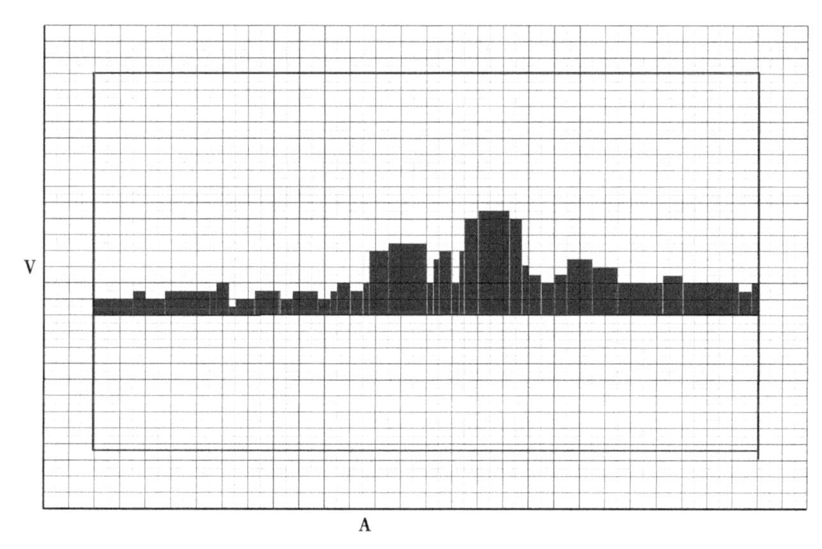

图3-30 模拟建筑立面高度的柱状图

三、进行 A–V 轮廓线的旋律转换

按照前面 A–V 效应分析原理，将由图片通过以上方法得到的建筑轮廓柱状图进行绘制，再根据音乐旋律的音律原理，采取前面已述的 A–V 效应视网格中定义的建筑单元和音乐单元的含义及其相互关系，进行柱状轮廓线的旋律转换。

（一）明确视网格最小单元黄金矩形的音律含义。这时，视网格中的一个最小单元格，其短边（竖向 V）对应乐音体系中的一个音级的音程（度），长边（横向 A）则对应音乐记谱中一个八分音符的时值；A–V 视网格中一个田字格的短边（V 轴）为 2 个音级；长边（A 轴）为一个四分音符的时值。A–V 视网格正是通过单元格的组合来反映音乐中音级的音程和音符的音长与音高。为了对比，我们分别采用简谱和五线谱两种记谱形式来进行轮廓线的旋律转换。

（二）确定曲谱基线位置。转换旋律之前，我们参考乐理常识，借鉴并采取最为基础和简单的固定调方法，将建筑基础的旋律基线定为主音，为了便于分析，统一定为 C 自然大调（即 1=C）（图 3–31）。这样，便于我们统一一种编辑乐曲旋律曲谱的标准，而且对于我们进行城市空间景观轮廓线分析和运用具有更合理的可行性和适用性。当出现多层次轮廓线时，其形成的多层次旋律也均对应乐理中的 C 和弦作为基本参考进行尺度的调整和校正[①]。

（三）对应柱状图谱写乐曲。从左至右逐一的对照柱状轮廓在纵横方向的高低和流动变化，找出音乐的符号和位置，如图 3–32，a、b 点 =2，c、d 点 =$\dot{7}$。e、f= 高音 2、

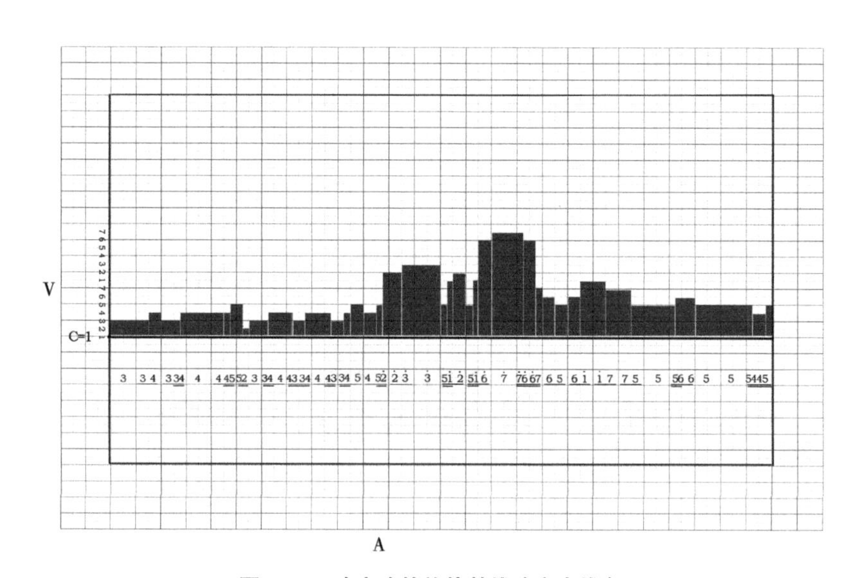

图3–31　确定建筑旋律基线（主音线）

① C 调有七个和弦，C 和弦由（135）组成，也称 C 大调、大三和弦。

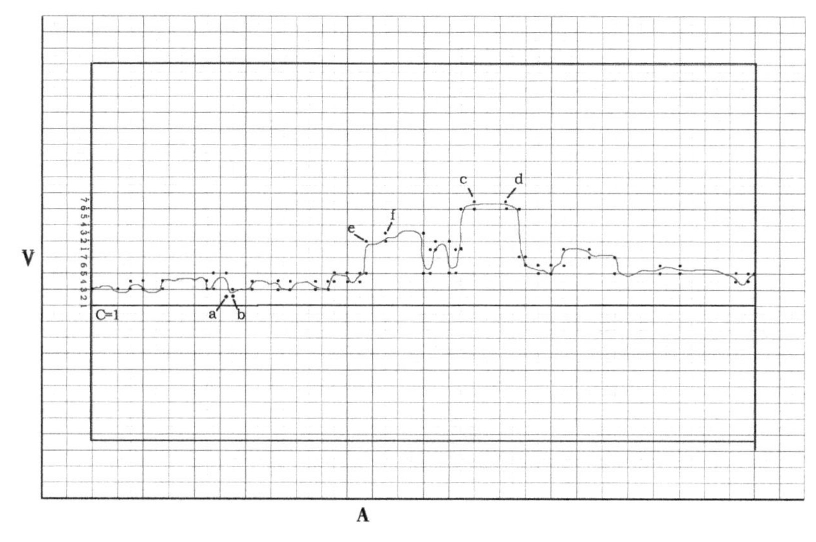

图3–32 柱状图上定音符位置

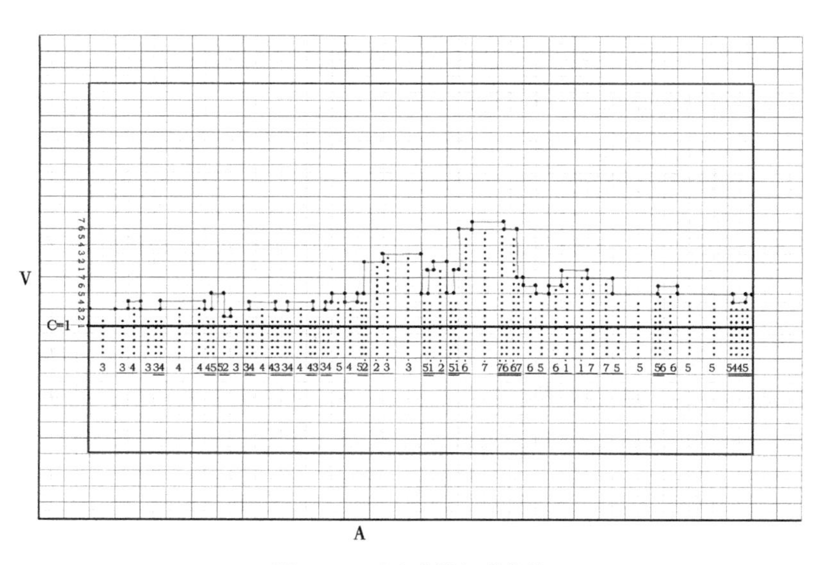

图3–33 确定音符组成旋律

高音3；最后进行简谱或五线谱的谱曲写作（图3–33）。

（四）形成乐曲旋律。对得出的乐曲的旋律，运用音乐作曲软件形成乐曲的音乐格式来分析乐曲，进行反复的吟唱与视听，通过听觉感受，判断建筑或音乐的效果。例如，通过一些作曲软件，编辑输出轮廓形成的乐曲并进行演奏，然后根据音乐韵律来分析乐曲的流畅和优美程度（图3–34）。

（五）分析轮廓线构成的旋律

主要从以下几个方面进行分析：

一是，轮廓构成的旋律，也像音乐作品一样，具有乐曲段落组合，如一段体、三段体等，它反映一种美妙的听觉与视觉融合的构成韵律。

图3–34 成曲

二是，依据城市轮廓景观序列与层次的分析，判断所构成的轮廓曲线的空间序列，是否具有起伏的起结开合，以及起景、转折、发展、高潮、结景等流畅的序列结构。

三是，轮廓构成的形态比例应具备美学法则的基本黄金尺度，就像音乐的和声、和弦比例那样，高低起伏叠错，韵律连续流畅。

四、分析与优化轮廓线

在完成城市轮廓线的旋律转换之后，就需进一步对轮廓线进行分析与评析。如分析轮廓线构成韵律以及美学尺度与比例的合理程度，并使之更加优化；针对一些不谐和问题，可对一些网络节点进行“修补”，或提出优化意见；对城市空间的实际规划设计进行建议与指导，如根据历史文化内外环境确定景观视线通道，同时结合以上几方面的美学问题进行建筑高度控制设计，以满足真正的城市风貌与文化景观的融合，形成自己的特色城市景观。

（一）从音乐旋律的角度进行分析优化

针对轮廓线所构成的音乐旋律，可以从它的旋律段式以及旋律与和声的音程方面进行分析。

一段好的音乐，必定有一个突出的主题，使乐曲形成自己鲜明、生动的形象；而一组好的城市轮廓景观，也应有一定的主次关系，在空间上应有高低起伏，并且形成引领空间区域一个视觉中心。一段好的音乐往往具有合理的段落结构，其结构一般分为一段体、二段体、三段体等。一段体是指全曲一般只有一段旋律，没有反复的变化起伏，但除了引子、尾声，中间也有起、承、转、合；对于城市轮廓线来说，通常表现为两端低矮，逐步的起景，缓缓升起，中间常常形成城市中心景观的“冠”或者“伞”效应，随后再缓慢地起伏下降。在乐曲中，二段体结构一般分为主歌和副歌，其特点是前段表现为陈述的性质，心理和美学上面感觉不完整，形象比较简单，为一个没有完全终止的段落，预示后面还有发展；后半段则表现为发展的性质，通过音调、节奏、节拍等多种表现因素的变化，进一步深化乐曲的主题思想，因此表现为肯定结论的特征。前后两段长度往往对称。城市轮廓线一般也会表现出两段的不均衡，一边高一边低，但是高低错落的差距也应该保持一种不对称的重量均衡感。乐曲的三段体式有主部、中部、再现部三个部分，结构较完整，由灵活自由、可塑而随意的陈述阶段反映了“起”和“承”的功能，再到中部形象的展开和变化阶段，逐渐丰满；最后到结束阶段，起到概括和结论的总结作用，体现“合”的功能。整体上十分符合旋律流动的逻辑性。复杂的城市轮廓线，往往是多起伏的流动形态，常常有几个高大起伏的中心组群，但能够形成序景、转景、发展、高潮、结景等连续变化序列。

一般从听觉上讲，协和音程比较悦耳、融合并感觉舒服，如纯一度、纯八度、纯五度、纯四度的音，以及大小三度、大小六度均为协和音程。从音乐美学的角度，一、四、五、八这四种度数在和声学上被认为是最和谐的音程。

例如：分析一段乐曲的旋律，从视觉感受的角度，需要从音符、时值、音高、节拍和节奏去入手，而对应到城市轮廓线景观，即是指建筑轮廓纵向起伏的“音高”大小、横向上延伸的“时值”长短以及高低间距组合流动的韵律节奏；从心理感受上，就是需要感觉出轮廓线像音乐一样，具有从低潮到高潮和起、承、转、合美感的情绪感受。

如图 3–35，这座城市整体上的空间轮廓线，还是比较美观的。首先它具备完整的起承转合的乐曲段落结构，前后形成了三度音的首尾呼应且平稳；全段各段落基本都采用了一、八、四、五、三度的协和音程，清晰、流畅、和谐；旋律的高潮正好对应

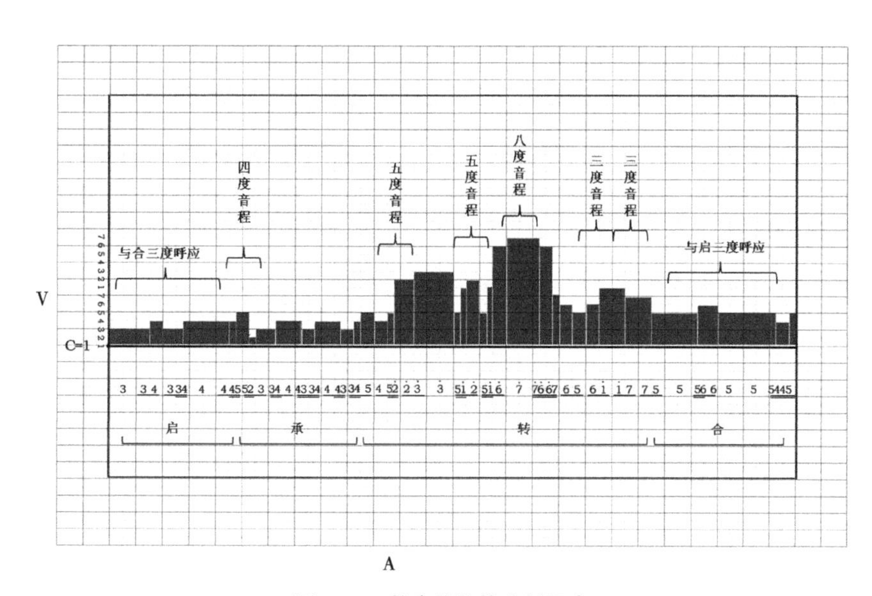

图3–35 轮廓线旋律分析示意

八度极完全协和音程，而且高潮部分位于全段的中央偏后位置，符合黄金音律特征。因此整体上的轮廓线的视觉效果比较好。

（二）从景观尺度角度进行分析优化

在音乐体系中，乐曲的段落有重复、倒影、对格、模进等变化组合，而景观也有渐变、重复、交错、突变等韵律变化。在城市的轮廓景观序列中，也分段分序列，由于其复杂性，特别反映在比例尺度上，组合应该遵循一种视觉尺度的美感。在一段乐曲中，音乐的高潮与黄金分割有着对应的关系，通常情况下，在乐曲三分之二处一般为黄金点，属于乐曲的高潮和感觉最好听的部位。图 3–36 中，各个段落部分的构图，都基本上对应着黄金矩形，特别是中间高潮段落，尺度比例适中，轮廓起伏得应，主次鲜明。

音乐的发展与一段文学故事发展一样，有开端、发展、高潮、结局的划分。高潮是音乐作品中最重要的部分，也是音乐作品中最震撼和最吸引人的阶段，这一时刻，音乐形象和主题思想都得到最充分的体现。音乐理论家们有过研究，无论是一段体、两段体、三段体，还是主调、复调音乐，大多乐曲的高潮并不是设计在整个乐曲的中点，而是中点之后的某一点，而这一点往往就是黄金分割点。而且，乐曲每一小部分的高潮，也大都在该部分的黄金分割点上，也是乐曲出现高潮和转折的最佳点。“0.618”这个“黄金分割”数字，除了在有形的轮廓景观尺度中的“冠”有所表现，而且在乐曲中也无形地左右着音乐段落的分割。它们的高潮点与“黄金分割”点都神秘的吻合。例如，音乐段落三段体，“转”是矛盾激化的部分，它位于黄金分割点位置，而乐曲的高潮点也正是位于该处附近。对于景观空间序列来讲，一般有两段式和三段式序列形式，三段式序列中，从起景到结景，其间还会有多次引导、转折、转景、发展等阶段，

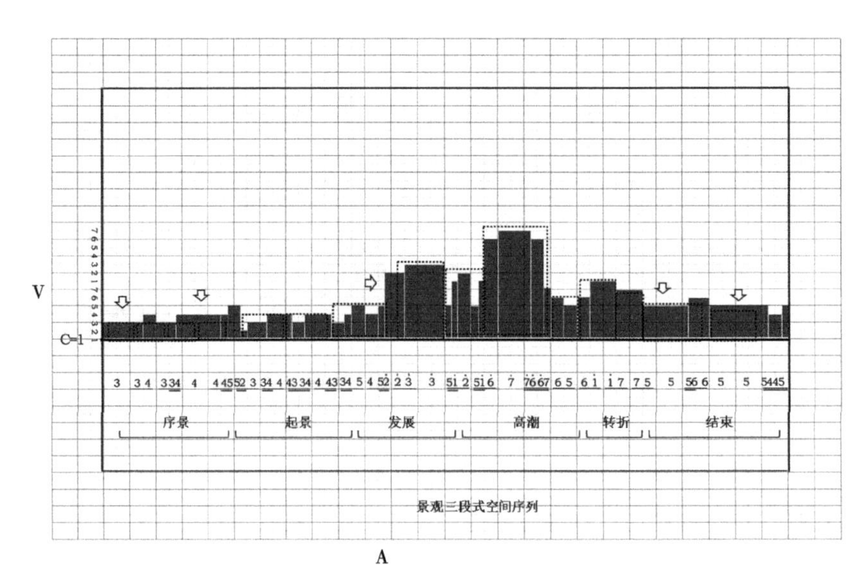

图3–36　轮廓线黄金比例尺度分析

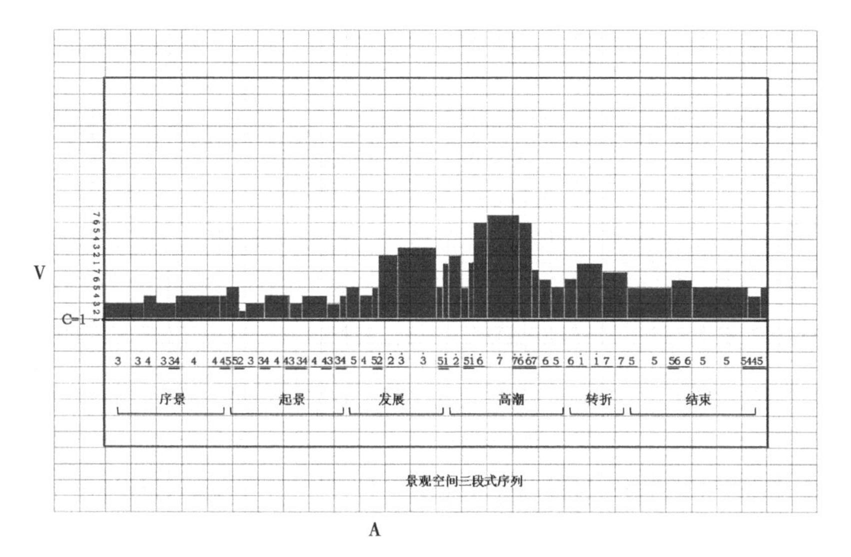

图3–37 轮廓线景观序列分析

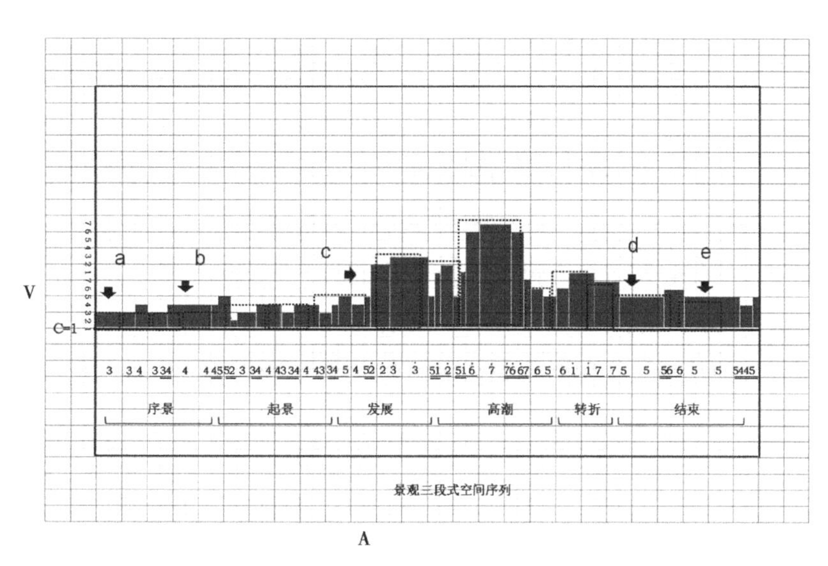

图3–38 校正前的轮廓线分析图

最终达到“高潮”，接着又经过转景、分散、收缩到结束。景观序列的高潮点，一般也分布在序列过程的三分之二处，也即是黄金分割点附近。如图 3–37，反映了该城市轮廓线具有完整的景观三段式序列结构。

根据以上的 A–V 视网格的可视图表现分析，尽管总体上的空间轮廓还是较为美观流畅，但我们从音乐美学的可视角度以及景观中黄金比例的视觉尺度进行仔细分析，依然可以找出其中存在的缺陷。如图 3–38 主要反映在几个方面：一是轮廓部分地方的尺度与比例不是很和谐，主要反映在序景（a、b）和结束（d、e），尽管它们从旋律上保持了相呼应的三度和谐音程关系（3–5，4–6），但他们各段内部的音程韵律有点单调重复，基本表现为二度音程关系，而且黄金矩形不太成比例。特别是在景观序列“发展－高潮”阶段，“发展”部分的黄金尺度比例有些失调（c），横向上体量尺度须稍加收缩，增加与高潮主体的主次感，留出视线通道，避实就虚，突出高潮部分的体量与高大。二是“序景（启）”与“结束（合）”两个段落部分，在整体序列中，黄金尺度略显突出和强势，在纵向上需适当收缩。“序景”段落的音程下行一度，使其与第二段“起景”形成三度音程关系，即由 3–4 调整为 2–4 音程关系，即轮廓也相应下调；“结束”的段落部分，纵向尺度过大，黄金尺度失调，而且旋律上的音程感觉难以收敛和归宿，因此也可以作出调整，将 5–6 二度音程关系调整为 4–6 三度音程关系并适当下行收敛，轮廓线也作对应下调（图 3–39）。但需要注意的是，调整的时候，后面的“结束”段落依然要与前面的“序景”段落保持三度的音程关系，以形成完整的旋律呼应。

针对对比分析所找出的问题，当然要进行优化或校正。有两种情况：一种情况是针对已经存在的城市建筑群体，不可能再来削弱建筑的高度或宽度，只能作为一个分析例证，去指导城市其他区域的规划与建设，作为经验去适应城市更新区的空间设计；另一种情况，可以适当地进行校正和“修补”，在景观设计中可称之为“补景”或“修景”。如图 3–40 所示，在城市空间的建筑群体已经建设到位无法调整的情况下，可以采取“补景”的办法，即增加建筑轮廓线主体的前景或背景。如利用种植植物树林形成林冠线，可以淡化建筑过度升高或过低所造成的美学比例尺度的失调。当建筑过高的时候，前面增加的林冠线要低矮一些，反之林冠线可以设置在建筑后面的背景略显稍高的位置，以便从视觉上感受到高低的调整。在条件许可的地方，也可以利用背景

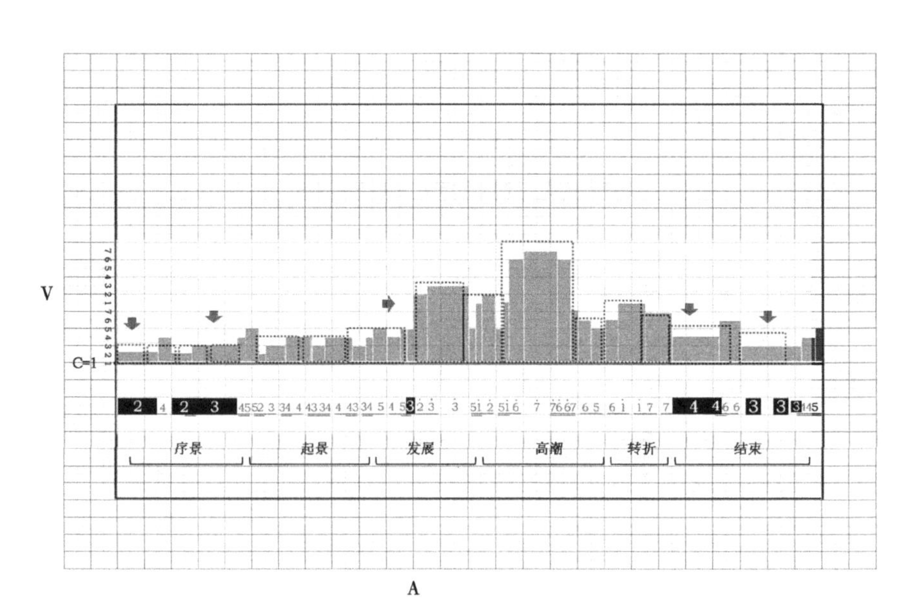

图3–39　校正后的轮廓线与旋律音程调整

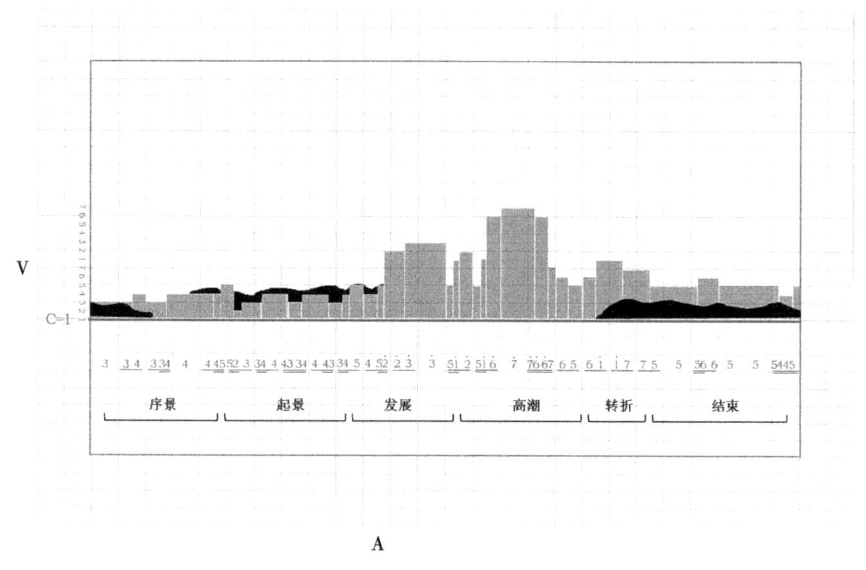

图3–40　轮廓线的植物冠线优化与校正

山的轮廓线，除了增加与丰富轮廓线的层次，也能够起到削弱与淡化杂乱建筑轮廓线或修补建筑轮廓线缺陷的作用。不过，补景、修景都需要注意一个问题，林冠线的高度要与建筑轮廓线的主旋律保持一定的比例尺度，无论是乐曲旋律的音程比例还是矩形的黄金比例，都要保持符合美学构图的和谐原则。

五、城市轮廓线调整与建议

通过对城市轮廓线的旋律分析，尽管分析方式更加详尽地贴近音乐的表现本质和内涵，甚至分析对比异常的细致或严谨，然而，对于城市空间的构架来看，无论是比喻“凝固的音乐”还是“流动的建筑”，其实质还是物质形式的视觉表现给人们心理上的一种对城市风貌和形象上美的感受和快乐的认知。只是让人们从音乐欣赏和艺术美学的角度去感受一座城市空间的壮观与美丽。也是为了展现一座城市的艺术风貌和独特的形象而作出的景观空间规划和设计，应该说还是很具有探究价值和指导意义。其实，对城市轮廓线不可能完全严格地按照与遵循乐曲的旋律去进行设计，这仅仅是一种艺术的借鉴与美学的对比产生的一种效应。那么要让城市空间非常的接近音乐与黄金比例的美学和艺术表现，主要还是需要在城市规划与建设中，遵循规划、建筑、景观三位一体的整合设计，共同营造一座城市的空间，三者必须密切配合，统一协调。例如从规划、建筑方面，如何指导城市中建筑群的空间分布，如何控制建筑高度与局部限制；景观上又如何形成起伏错落的比例与尺度以及如何保护艺术表现形式的完整。这都需要他们三者之间的协调与整合，稍有不慎，就会导致城市空间风貌形态整体效果的丧失。

城市轮廓线，在西方也称天际线。西方的城市规划思想一直认为天际线就是城市肌肤的服饰和包装，具有格外的美学意义，它应该表达出一种城市画卷一般的美。正因为如此，才有了中外建筑学家和艺术家对于城市街道中建筑轮廓线具有音乐旋律美感的共同认识。

我们在完成了对某一城市轮廓线的 A-V 效应分析之后，便可以相对地对这一座城市中所设置的轮廓线观赏位置产生的视觉感受进行分析，并作出一定的评价。例如，轮廓线的高低起伏、错落叠加是否适宜；流线是否满足流畅而优美的黄金旋律的感觉效应；尺度上是否给人以舒畅而和谐的尺度对比；构架序列是否符合一定的景观美学规律；建筑群体组合的控制高度和尺度对比是否需要升降调整；哪一些背景、前景的基调、配调层次需要增加和修补；哪一些城市景观视线应该保留和控制等，都需要我们通过分析与评判，得出总结和意见。一来可以在进行城市规划与城市设计的阶段中获得指导与借鉴，二来可以在城市更新的建设中，提前对城市整体空间构成进行精心地规划与设计。

其实，当今的城市现代化进程，使得越来越多的大中小城市开始引起重视，一座城市的轮廓线具有直觉直观的人文特质、艺术审美价值以及城市标志特征，是城市发展进程中一个非常时代且形象化的理念。尽管西方国家重视较早，但我国一些大城市，特别是沿海经济发达地区，也早就意识到城市轮廓线（天际线）在文化与景观含义上的超然意义。在我国很多城市，自然和人文的著名历史遗存都十分丰富，成为城市自古以来特有的历史文化名片。但是，随着城市高大建筑的不断涌现和增多，城市外环境中的风景看不见了，山水也看不见了，亭台楼阁看不见了，人们在城市之中的视线范围也只剩下冰冷寒凉的一座座“混凝土森林”堆砌的建筑轮廓线，这样的现状可以说是城市之美的严重丧失，也是我们在城市建设中淡化轮廓线意识所造成的无法挽回的缺憾。如在十多年前的云南昆明城中的开阔地，还能看到满城绿荫的树林与错落的屋宇交相辉映，四周群山环抱，湖光山色，西山的睡美人举首可见，现如今却必须站在昆明市制高点的省政府大楼顶层，才能瞥见睡美人；西安城中原有的建筑以低层为主，市中心的钟楼、鼓楼、城楼以及城外大小雁塔等均突出于城市轮廓线之上，成为城市的标志性景观视廊和景点，而今的市内中高层建筑完全破坏了传统古城的城市轮廓线，景观视廊从此消失；长沙市城南的妙高峰，曾经是唯一能够看到“山水州城浑然一体”古城的地方，现如今整个山峰都完全阻挡在了城市建筑的身后。

我们研究城市轮廓线，不仅仅是一座城市中的建筑，而是整座城市与山水、植物和建筑浑然一体自然怀抱中的城市景观风貌共同构成的多层次轮廓线。城市之美，不仅仅只表现在内部，更应该表现于外部；不仅仅表现在近处，更应该表现到远处，能够透过城市中的视线通道极目远眺，远观到城市之外的山峦轮廓，能够让生活在城市中的人们时常感受到自己融于自然之中，感受到城市永远都是属于大自然的一部分。

新形势下，我们开始引导、实施直至实现“青山、碧水、绿地、蓝天”的生态城市目标，但是如果城市空间缺少了山水、植物、建筑间的天际线，再绿的山，再蓝的天都无视角去看见与欣赏，人们依然会失望和遗憾。因此，我们必须对城市整体空间中的相邻高层建筑的间距、建筑群体的高度要进行严格的控制与管理。对于一些影响城市天际轮廓线的建筑物，其高度和体量必须经过严格的科学论证和评审，尽量杜绝超越控规规定的项目；规划建筑师们要从城市大环境出发，深入挖掘城市历史文化与人文精神，使得与所处的城市空间和睦协调。

自古以来，人类对城市的营造目的，一直是为了创造一个和谐的生产、生活、休憩的空间环境，而城市轮廓线正是人类城市建设成果最为直观的表现。因此，我们所有的规划者、建设者和城市居住者，都应当保护城市的轮廓线，使之真正地深入规划、建筑、景观设计的各个阶段，最终形成各种特色鲜明的理想城市空间。

第四章

城市轮廓 A–V 效应研究运用

随着我国城市化进程以及城市建设水平的进一步提高，我国的城市整体风貌也在这个过程中得到了较大程度的发展。而在城市的建设中，注重优美的城市空间景观廓线成为现代城市形象提升和塑造城市整体美感的重要形式，也成为我国目前城市建设中最具震撼力以及感染力的一种特质要素。重视对城市轮廓线的研究，不仅能够帮助我们把握城市所具有的文化内涵及其特质，同时还能够使城市所具有的美感和形象得到大幅度提升。

通过以上章节的分析，我们已经熟悉了城市空间轮廓线与音乐旋律的关系及其相互的转换，更加深刻地理解了城市设计者、建设者们与音乐家们对城市形态和风貌的共同认识，它们多么希望建设一个美丽而艺术的城市，难怪学者们普遍认为："城市是一个巨大的艺术品。"

第一节　某山水城市（Z）轮廓线可视化音乐旋律评析

一、城市景观概况

地处长江边的某山水城市（Z），依山傍水，群山环抱，风景秀丽，是一座具有上千年悠久历史的美丽古城，它历史文化深厚，且多历史古迹，早已名扬海内外。Z 城区位独特，由于地处长江流域，一直为川东、鄂西、陕南、黔东、湘西的重要物资集散地，是 200 公里半径范围内城市人口唯一超过 80 万的中心城市。交通便利，长江黄金水道穿境而过，现在拥有机场、铁路、高速公路、深水港码头和海关口岸，也是国际保税物流的一个交通枢纽城市。城市轨道交通也即将兴建。是"全国地名公共服务示范区"，获得过"文明城区""省平安建设先进区（县）""省平安畅通县区"等荣誉称号。在城市景观空间方面，历史上的山水格局范围，曾经拥有多达数十个历史遗迹和历史景观节点，景观的借景、对景景观视线和视域遗迹造景艺术手法几乎遍布全城，形成了四通八达的景观视线和焦点。站在城中的开敞位置，一览城区内外众山水，形成了一座完美的山水景观城市。图 4–1 为 Z 城市 100 年前的空间环境，可见古城内外环境空间的视域很广很大，与周围山水格局的主要历史遗迹保持着通透的景观视线。但随着城市的不断发展演化，由于缺乏科学的城市设计，缺乏历史城市保护意识与保护理念，使得一些景观视线被慢慢阻隔和淹没；许多历史环境和古迹，也因为现代化城市建设而消失。图中黑色为长江，暗色部分为现代的长江江水位位置，基本淹没了大半个老城区，而且城区发展大型建筑片区均已经延伸至四周山脚之下，除了滨江环江一带能视线交换以外，城区内部的景观节点和开敞空间的视线交换完全中断（图 4–2）。现如今，取而代之的基本上是现代城市的风貌与形态。当然，即使如此，由于山水格局的存在，在新的发展时期，依然还有许多值得保护和借鉴的环境景观可

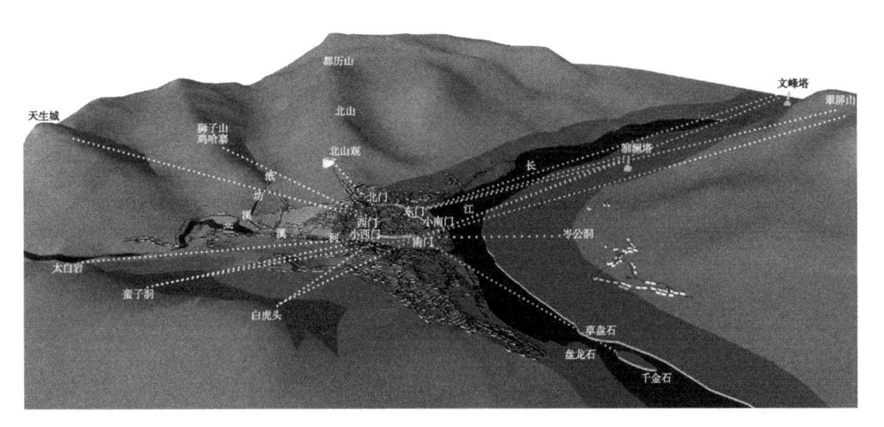

图4-1　Z城20世纪初山水环境景观对景视线分布

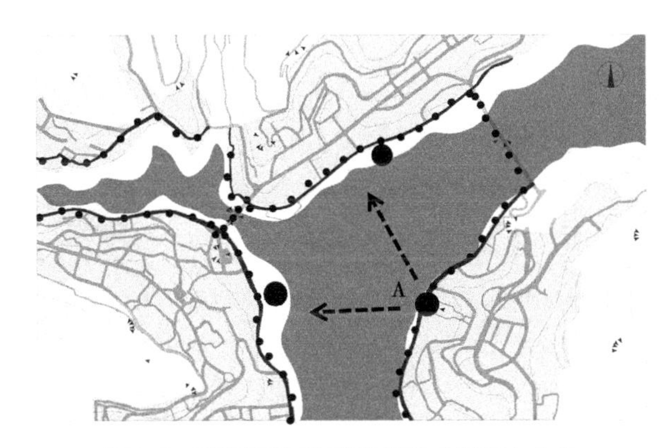

图4-2　Z城现代环江带的视线（视域）分布

以展现出来。历史上的城市轮廓线所剩不多，但新的城市轮廓线出现后，就要尽量协调好新旧之间的关系，充分依赖山水格局，作出好的新城空间风貌也是一项艰巨的任务。

我们选取了现代 Z 城所分布的最佳景观观赏节点的主要位置之一，来评析这座现代城区中心区城市轮廓线的音乐旋律的特征以及城市现代空间轮廓线的形态特征。图 4-2 中的环江带即为现代 Z 城市能够作为景观视线欣赏城市轮廓线的主要地带，其余的开敞空间已经不能起到观赏山水环境整体空间的作用。图中的三个景观节点分别为城市主要的滨水开敞广场，我们选取 A 点作为我们轮廓线分析的主要节点。A 点现为 Z 城市的江南新区的市民广场的观景平台处，可以眺望 Z 城中心的全貌。向北对景滨江北路、音乐广场、北山一带（图 4-3）；向西对景滨江西路、码头广场、移民广场、西山公园、西山太白岩一带（图 4-4）。

二、城市轮廓线 A-V 效应及其旋律生成特征

图 4-3 和图 4-4 分别为 A 对景点所见的城市轮廓线的现状。接下来分别从 A 点对景北岸、西岸的城市轮廓线，从建筑轮廓、山体轮廓的不同层次角度进行分解与组合分析。

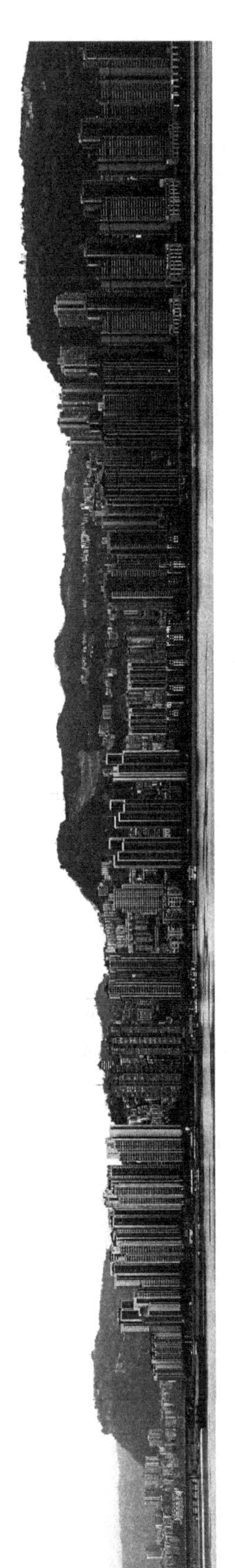

图4-3　A点眺望乙城滨江北岸城市轮廓现状

图4-4　A点眺望乙城滨江西岸城市轮廓现状

（一）滨水北岸城区城市轮廓线旋律

图 4–3 为由 A 点向长江北岸对视眺望的城市轮廓景观，主要由临江高层建筑群体轮廓线和背山的山脊线两种轮廓共同构成前景轮廓与背景轮廓。

通过对轮廓景观图像进行分解处理，可得到各个层次的轮廓线。然后进行 A–V 效应分析以及旋律和视觉的转换，最后得到 A 点对景视线城市轮廓线的视觉图像及其音乐旋律。如：

图 4–5 为北岸城区前景建筑群体轮廓分解图；图 4–6 为北岸城区背景山脊线轮廓分解图；图 4–7 为北岸城区建筑 + 山体轮廓组合图；图 4–8 为北岸城区建筑轮廓（前景）A–V 效应旋律可视图；图 4–9 为北岸城区山体轮廓（背景）A–V 效应旋律可视图；图 4–10 为北岸城区山体轮廓（背景）与建筑轮廓（前景）A–V 效应旋律组合可视图；图 4–11 为北岸城区城市轮廓线音乐旋律乐谱。

（二）滨水江西岸城区城市轮廓线旋律

图 4–4 由 A 点向长江西岸眺望。滨江西岸，为 Z 城市 20 世纪末的中心城区，城市的发展经历了大半个世纪，也是历史上景观风貌积累至今最为完整的城区，因此其形态风貌不断叠加与更新。这一观赏立面的城市轮廓景观主要由临江高层建筑群体轮廓线、其后的主城区高层建筑以及背后的西山山脊线三种轮廓共同构成前景轮廓、中景轮廓（主景）与背景轮廓。

通过我们对图片进行整理，分别对这一城区三个层次的轮廓线进行了分解处理，得到各层次图片的轮廓线。然后同样运用 A–V 效应视网格分析法，进行 A–V 效应的旋律和视觉的转换，得到景观选取点所观赏到的西岸建筑群体轮廓线视觉图像转换的音乐旋律。其过程与效果图如：

图 4–12 为西岸城区背景山脊线轮廓分解图；图 4–13 为西岸城区中景建筑群体轮廓分解图；图 4–14 为西岸城区前景建筑群体轮廓分解图；图 4–15 为西岸城区轮廓现状图；图 4–16 为西岸城区建筑前景 + 建筑中景 + 山体轮廓组合层次图；图 4–17 为西岸城区山体轮廓（背景）A–V 旋律可视图；图 4–18 为西岸城区建筑轮廓（中景）A–V 旋律可视图；图 4–19 为西岸城区建筑轮廓（前景）A–V 旋律可视图；图 4–20 为西岸城区山体轮廓（背景）与建筑轮廓（前景）A–V 旋律组合可视图；图 4–21 为西岸城区城市轮廓线音乐旋律乐谱。

三、城市轮廓线 A–V 效应分析

从景观的视觉感受角度对应到城市轮廓线，犹如分析一段乐曲的旋律，观察建筑轮廓的纵向起伏大小、横向上延伸以及高低间距组合流动的韵律节奏，让人感觉轮廓线就像音乐一样，具有从低潮到高潮和起承转合的美妙感受。

图4-5　北岸前景建筑轮廓

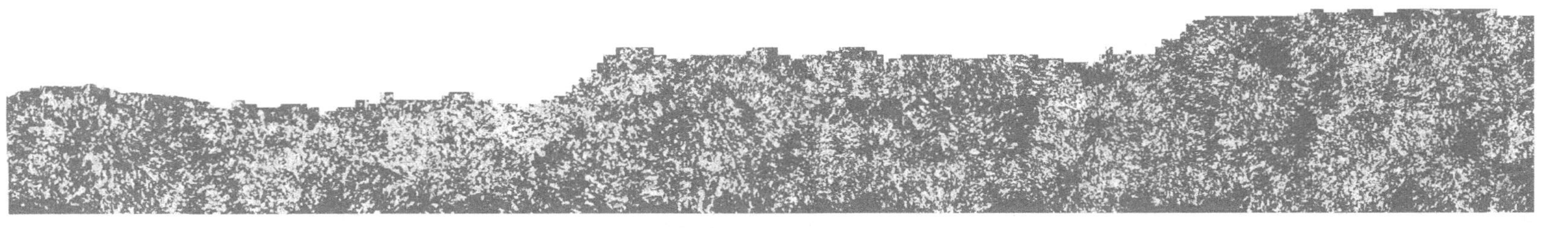

图4-6　北岸背景山脊线轮廓

图4-7　北岸建筑+山体轮廓组合

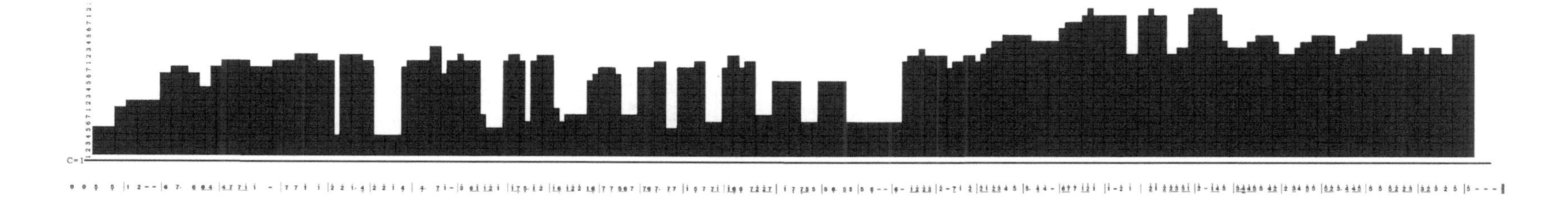

图4-8 北岸建筑轮廓（前景）旋律可视图

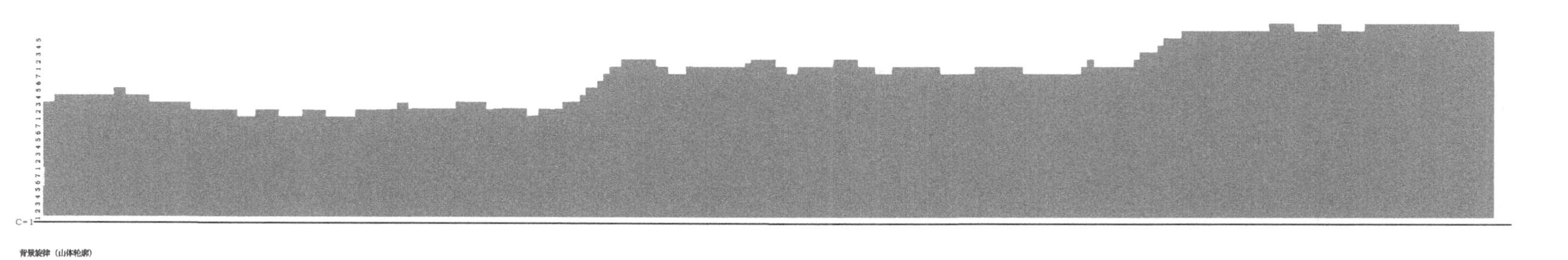

图4-9 北岸山体轮廓（背景）旋律可视图

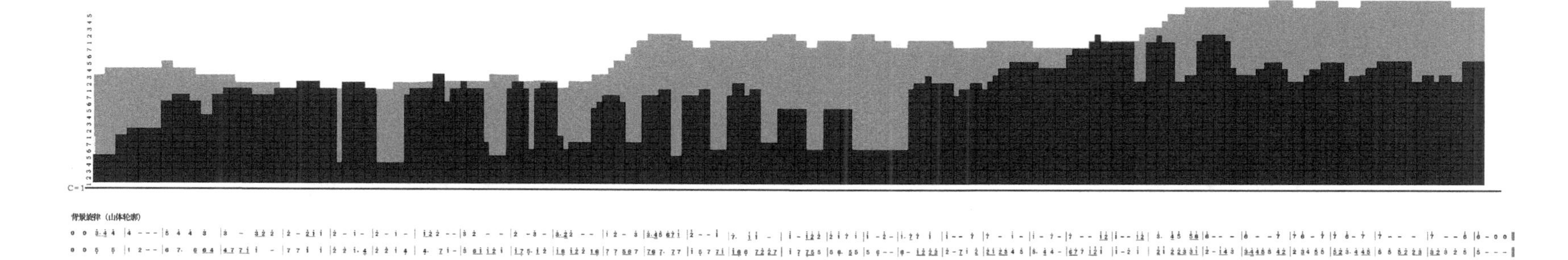

图4-10 北岸城区山体轮廓（背景）与建筑轮廓（前景）A-V效应旋律组合可视图

城市轮廓景观音乐旋律

（北岸建筑+山体轮廓线组合）

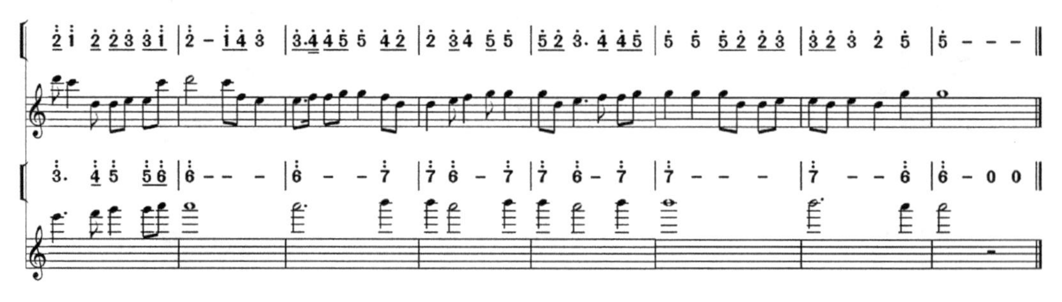

图4-11 北岸城区城市轮廓线音乐旋律（现状）

图4–12　西岸城区背景山脊线轮廓分解图

图4–13　西岸城区中景建筑群体轮廓分解图

图4–14　西岸城区前景建筑群体轮廓分解图

图4-15 西岸城区轮廓现状图

图4-16 西岸城区建筑前景+建筑中景+山体轮廓组合层次图

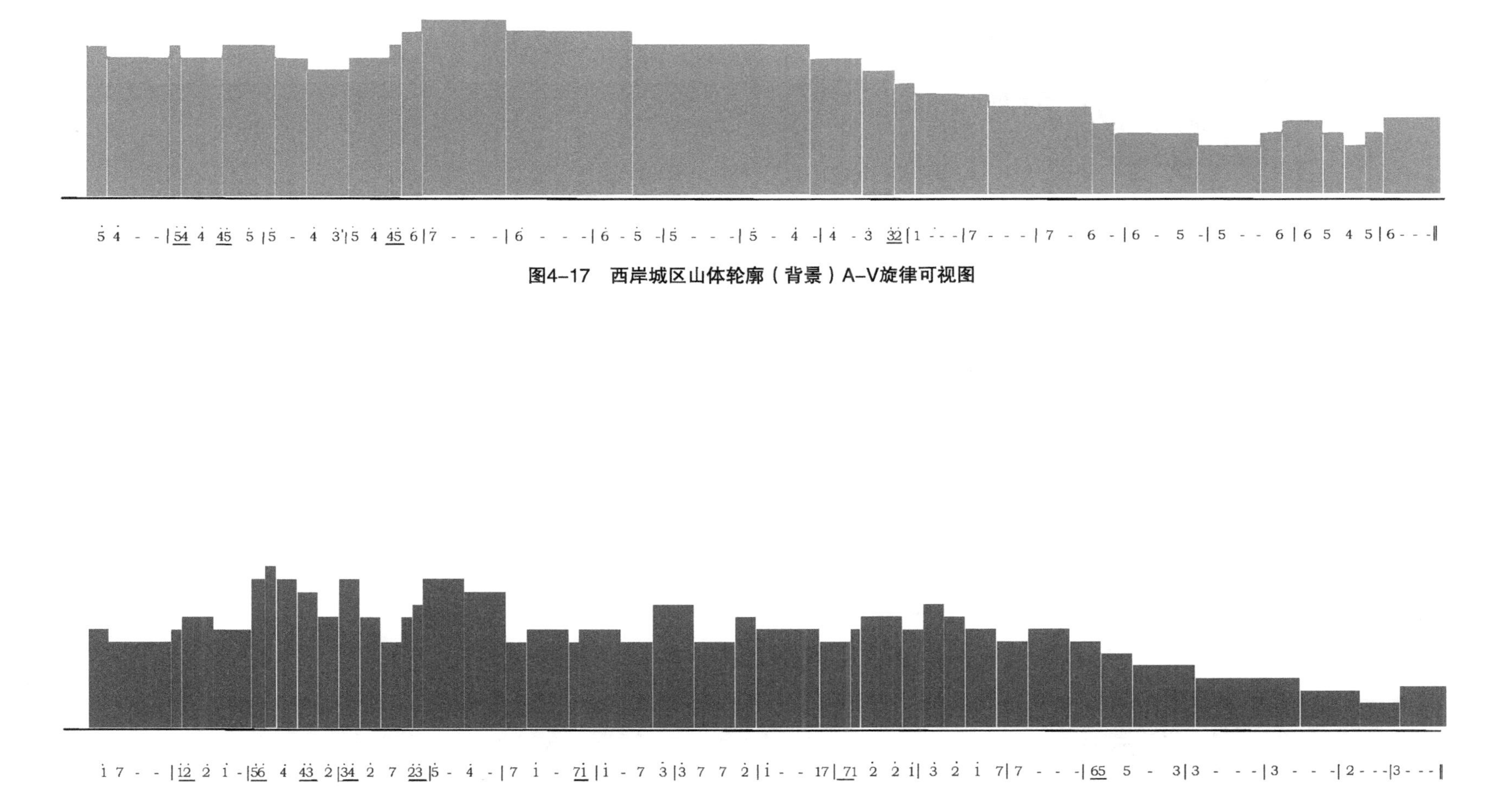

图4-17　西岸城区山体轮廓（背景）A-V旋律可视图

图4-18　西岸城区建筑轮廓（中景）A-V旋律可视图

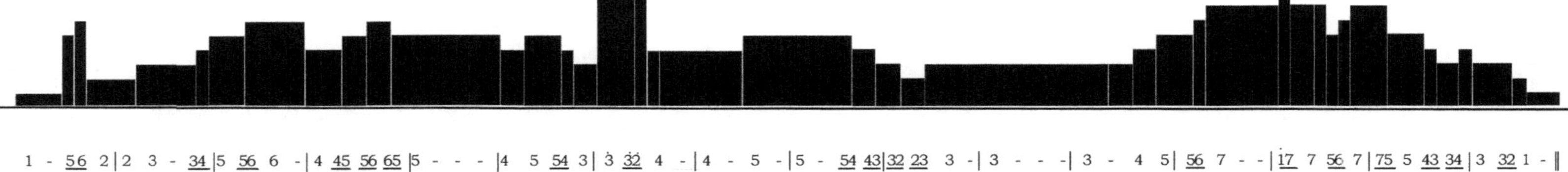

图4-19　西岸城区建筑轮廓（前景）A-V旋律可视图

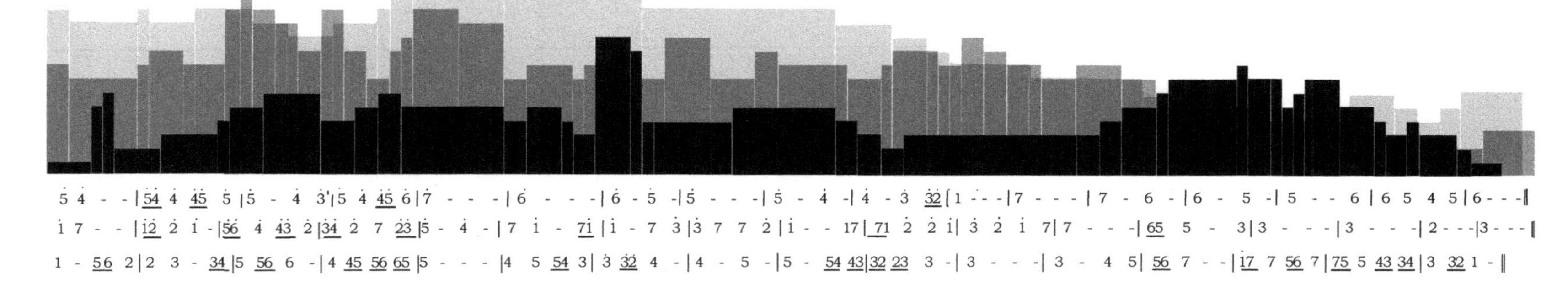

图4-20　西岸城区山体轮廓（背景）与建筑轮廓（前景）A-V旋律组合可视图

城市轮廓景观音乐旋律

(西岸建筑1+ 建筑2+山体轮廓线组合)

♩= 100

1 = C 4/4 1 – 5 6 2 | 2 3 – 3 4 | 5 5 6 6 – | 4 4 5 5 6 6 5 | 5 – – – | 4 5 5 4 3 |

1 = C 4/4 1 7 – – | 1 2 2 1 – | 5 6 4 4 3 2 | 3 4 2 7 2 3 | 5 – 4 – | 7 1 – 7 1 |

1 = C 4/4 5 4 – – | 5 4 4 4 5 5 | 5 – 4 3 | 5 4 4 5 6 | 7 – – – | 6 – – – |

图4–21 西岸城区城市轮廓线音乐旋律（乐谱）

（一）北岸城区轮廓线分析

Z 城北岸城区，位于北山之下，历史古老而悠久，原为唐宋时期 Z 城的故城遗址，一直延续到民国后期。21 世纪初，因三峡工程蓄水，Z 城大部分老城区被淹没于长江之下。现在的新城位于北岸原古城之上的山麓平缓地带。

1. 轮廓线音乐旋律评析

对于如前所述的城市轮廓线的音乐旋律表现特性，我们在研究中借助于音乐乐理的相关理论和基本常识做了一些分析，将音乐黄金美学的表现对照到造型艺术中的形式美学，它们有着共同的美学比例与尺度关系。因此我们将音乐中由每一个音符组合所构成的和谐乐曲及动听旋律，转换成可视的比例与尺度图形，对城市风貌的视觉形象进行辅助研究。当然，我们仅仅借鉴音乐理论中的最基础的主要原理来进行辅助分析。

图 4–22 为我们在观测点所见的 Z 城北岸城市轮廓线，经过 A–V 效应分析处理，轮廓线的构成非常类似于数字音乐形成的音乐旋律柱状图，因此我们可以运用乐曲旋律的段式以及与和声音程方面的基础常识两方面来进行辅助分析：

一段好的音乐必定会有一个突出的主题，使乐曲形成自己生动的形象。主要表现在其乐曲的段落组合上是否具有合理的结构。而一组好的城市轮廓景观，也应有一定的主次关系，在空间上应有高低起伏，并且形成这一段空间区域的视觉中心。

北岸城市轮廓线为一段 1+1 结构的轮廓线组合，即前景（主景）加背景二层次结构。前景为临江的建筑群体轮廓线，背景为北山的山体轮廓线。建筑轮廓线作为主景，山体轮廓作为背景。景观序列上，建筑轮廓旋律为主调，山体轮廓旋律应为配调（图 4–22）。

（1）建筑前景轮廓线

从音乐常识的角度看，该轮廓的音乐旋律表现为二段体段落结构的乐曲形式，前后段落长度大致对称相等，一般前低后高（高潮黄金点偏后），但应保持不对称的重量均衡。前段表现为叙述性质，乐曲逐渐升起，起伏变化基本在三到五度的和谐音程之间，流畅、平稳开阔。但由于乐曲前三小节全音符的旋律音程从强起三度上行跳进即刻达到十二度，因此音起幅度稍偏大且过于急促；前段后半部趋于平稳，但音律起伏平直乏味，锯齿状的等间距且等高的建筑间断组合基本为简单的音律重复韵律，形态单调、呆板，而且音程的音数（高差）几乎都达到十度到十二度的音程左右，音律很不和谐，音韵缺乏美感；后半段为音乐的发展部分，起到进一步深化乐曲的作用表现为主题的厚重和稳定。前后段感觉虚实对比太强，特别是与前段连接处，跳跃十一度的音数，音程过渡很突然而显唐突，使得后段的起始过于厚重与前后的连接很不和谐。后半段的整体结构上起伏有致，音数都为四度和八度的和谐音程，而且乐曲中部分小节采用上行旋律音程渐变出现，体现了乐调的丰富表现力，使旋律较为流畅。特别是八度音程，很容易创建出旋律的高潮；而且后半段的四度音程采用反复的上行旋律，表现出一定的号召力。但第二段的结束阶段有点过于突然，缺乏尾声，总结性的"合"功能表现不够。而且段体上厚实有余而空虚不足，应留有一定的建筑透视间距。这段旋律总体上看，对于"起、承、转、合"几个部分，"起"量过大；"承"偏弱而无序，不清晰不流畅；"转"丰厚，主次欠分明；缺乏"合"的表现（图 4-23）。

从城市空间景观角度来看，此段轮廓线的景观序列，整体上的流动不太连续和谐，流畅度也不够。重量均衡视觉感明显地表现出前部的"起"短促而沉重，中部"承"呆板而虚空，后部"转、合"密实而厚重。尽管整体上具备了由"起景"到"高潮"的段落，但"起景"略显实重，中段与后面虚实对比太强，缺乏旋律自然过渡的连续性，三段缺乏一定的连贯和谐，影响了轮廓线的韵律起伏和流畅，而且也缺乏结景。当然或许后段与城市建设的后续发展（右侧待建设区）有关。

（2）山体背景轮廓线

山体是自然形成的产物，该背景山的轮廓线形态，起伏有致，流畅、平稳，整体上由低到高，分为几乎均等的三段呈逐渐上行级进的旋律音程均匀的微微起伏变化，同时也表现出比较合理的从起景、转景过渡至高潮的两段式景观序列的形态（图 4-24）。但要注意的是，在进行城市空间规划与设计时，建筑高度的控制要充分考虑到山体的轮廓形态，并对其加以利用，形成最佳的景观轮廓线组合。特别需要注意根据山体自然形态的起伏关系，按照音乐黄金旋律的和弦关系或和声音程关系，进行建筑高度的控制设计，便会得到非常优美的轮廓线旋律的可视效果。

（3）前景 + 背景组合轮廓线

由乐理作曲法常识得知，一般分有复调音乐和主调音乐两种形式。两段或两段以上的旋律同时进行或相关但又有区别的声部所组成的音乐，称为"复调音乐"。由于若干独立和不同的旋律声部有机地结合在一起和谐地构成一个整体，上下形成对位关系，因此也被称作"对位法"或"对声法"。在音乐中运用复调手法，可以丰富音乐形象，加强音乐发展的气势，形成前呼后应、此起彼落的听觉效果[23]。而另外一种音乐作曲的方法称之为"主调音乐"也称"和声法"，是多声部音乐的一种，其特点是以数个声部为伴奏形式，加强、陪衬主旋律，即在一主要旋律上配和声的方法，只有一个旋律为主体，其他的和声部，如第二、第三、第四部等都是这一主体的陪衬，表面上虽然分为数部，但实际上只有一个主体。主要旋律可位于任何声部，但在乐曲中主旋律一般大多为高声部。

我们不妨用复调音乐的"对位法"对照城市空间中的建筑立面轮廓线，它们也可能存在几种组合类型，而每一组轮廓层次都有着自己的音乐旋律的可视表现特征，非常类似于音乐旋律中具有的各自独立而不同的声部组合，形成了一种立面上的叠加和

图4-22　北岸城区城市轮廓线组合现状表现

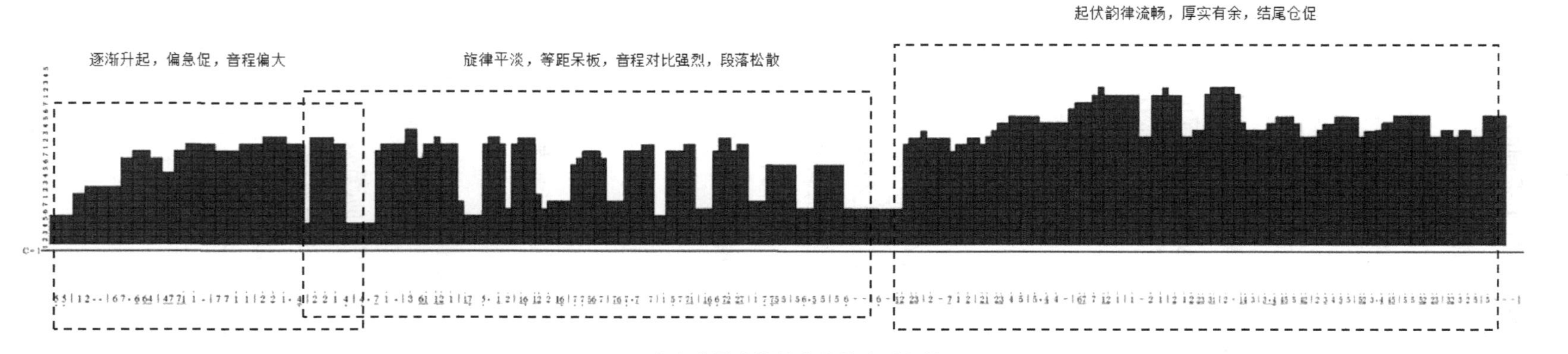

图4-23　北岸前景建筑轮廓线的音乐旋律评析

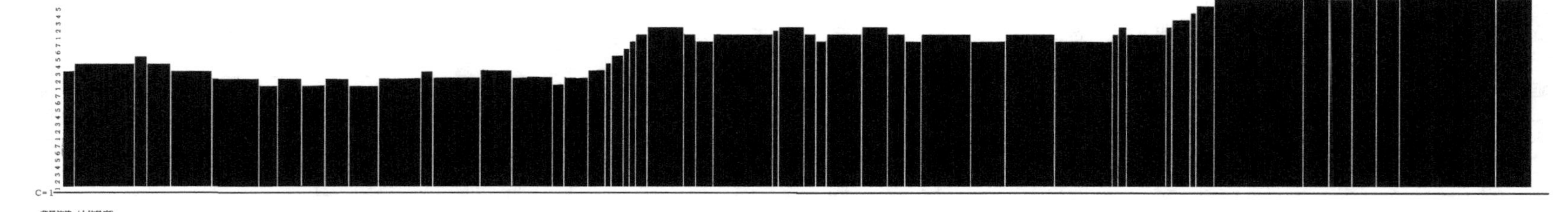

图4-24　北岸背景山体轮廓线音乐旋律

旋律的对位关系。例如，对于城市轮廓中的建筑群体、山体、林冠的轮廓线组合，三者形成了独自的轮廓线，它们重叠对位在一起，组成了城市轮廓的组合旋律，因此我们可以把它们的轮廓组合结构分别看成是它们独自旋律的对位。如图 4–25 是山体与建筑群体两种轮廓线组合叠织的“底图关系”的对位表现示意图，相当于由两个独立的不同旋律声部有机结合在一起而和谐构成的一个整体，上下轮廓线形成了一种对位关系。图中反映了北岸城市轮廓线组合中前景与背景之间不同的音程距离（度），数字则表示对位音程值（括号内为复音程对单音程的换算数值）。尽管我们不能像音乐理论和乐曲创作中那样对音程“对位”有着那么严谨且苛刻的要求，其实我们也没必要那么去做。我们只需要从大众美学的角度将音乐理论知识作为一种分析研究的辅助手段加以运用，可以利用乐理中最基本的对位原理来分析两个轮廓线所示旋律之间的对应关系是否符合和谐的音程基本要求。倘若轮廓线所反映的对应关系能满足或基本满足，那就说明旋律的“对位”比较符合音乐美学法则，因而也符合造型艺术的美好的比例尺度，当然其视觉感受就比较好。

通过对 Z 城北岸的城市滨江空间的前景、背景轮廓线的分析，反映出了它们作为自己独立的旋律所表现出来的基本特征以及存在的问题。进一步将它们结合在一起加以分析，当独自单独的旋律通过合并达到和谐一致时，才能发现它们共同组合的和谐之美。图 4–26 中反映了该段轮廓线旋律组合的复调音乐和声对位效果的分布，我们可以清晰地看到：对位不和谐主要分布在旋律的中前部位，局部表现出对位的一、二度平进或同进的全音符时值太长；跳进多度转位幅度偏大，出现了较多的二、七度等不协和音程或增减四、五度不协和音程；中部表现出对位音程的等间距单调乏味的重复韵律与间距太大，容易形成过强对比和近似模糊的关系。在通常情况下，音乐旋律中两个声部的结合以协和音程为主，其中三、六度的不完全协和音程应用最多，最为丰满、充实。在这段整体轮廓上前、中、后局部，对位的三、六度音程起伏效果还是得到了谐和的体现。但是值得我们注意的是，在运用对位法进行城市轮廓线组合分析时，尽管山体与建筑群的轮廓旋律可以看作为单独的旋律声部来对位，但旋律的主体主要还是建筑群轮廓，它应该是我们主要的观赏对象，最能直接且直观地反映城市的风貌和形象，应该说它与山体轮廓的关系实际上具备主次关系的含义，山体的轮廓形态是固定不变的背景性质，而且常因为远景尺度较大而表现为起伏蜿蜒而缓慢延展的轮廓节奏。而建筑轮廓形态却更具有可控性和可塑造性，常为近景的景观主体，且轮廓分明，尺度清晰，韵律起伏的变化较大。因此，二者在轮廓形态上，具有不等量的对比关系，不易形成对等的音对音、点对点的对位效果。在运用对位法时，不可太过分地强调音程对位关系的严谨性，要视其具体情况恰当地加以运用。因为在实际运用中，尽管建筑轮廓往往作为主角考虑，但由于山体轮廓线是固定不变的，因此在城市的空间设计和建设中，我们就必须依据山体旋律线的存在来确定建筑轮廓线的对位点或和声音程，也即是通过控制建筑的高度设计或调整建筑群体的高度，以使其二者之间达到一种旋律的和谐与平衡。因此从这样的角度来认识，建筑的轮廓似乎又成了山体轮廓线的附从关系了，这便是我们的分析研究需要注意的灵活原则。

从另一方面来看，山体线与林带冠线的本质，相对于建筑轮廓更多是属于一种背景和补景的作用，山体线固定不变且不可控；林带线灵活可塑，具可控性，可以进行调整和补充。在三者组合中，从景观的角度，建筑群体是城市轮廓的构成主体，也即是主旋律，而山体与林带更类似于为和声部或主体的陪衬。因此采用“主调音乐”的“和声法”进行分析，也比较恰当和实用。但实际上，我们依然不可更改山体的轮廓，我们只能依赖它作为景观的背景，并为了与之协调，通过对建筑和植物林带的设计和调节来达到我们对城市空间形态的设计目的。从景观序列的设计来看，山体或林带作为背景时，类似于景观序列的基调；当林带作为前景或者补景时则类似于景观序列的配调或转调。因此，我们可以采取音乐中的协和音程设计视觉感受就比较舒服。在乐曲中使用最多的是协和音程，它往往给人带来一种平静、柔和和协调感。例如一、八、五、四度音，以及大小三、六度音均为协和音程。从音乐美学的角度，一、四、五、八这四种度数在和声学上被认为是最和谐的音程。和声纯一度和纯八度音程分别表现为音量重合和音量加强的严格工整的协调特点；而和声纯四度、纯五度音程，和声效果比较好;和声旋律三、六度（大小）音程，表现丰满，多声效果很好。在图 4-27 中，从标出的音程音数中可以看出，两个声部的音程的基本对位整体上还是比较和谐的。而且从音乐乐理的角度与城市景观的轮廓线塑造原则上的美学要求也比较吻合。例如，轮廓线的景观设计方法上，山体与建筑轮廓线的关系通常表现为山体线高于建筑轮廓线为最佳；山体与建筑轮廓线方向互补为较好，建筑轮线高于山体线为不佳。在音乐旋律的写作规则中，两个声部的对比复调写作要求声部最好反向进行，斜向也可以适当少用，但避免平行、同向进行的使用。纯八度、一度一般用在旋律开始的小节或结束的最后小节，尽量避免平行五、八度等音程出现。图中反映出的山体与建筑两个旋律轮廓线，在旋律的中前部和中后部处，建筑轮廓基本上还是配合了山体轮廓线的起伏以交错互补出现，表现出类似于音乐对位旋律的交错和反向、斜向的音程进行形式。不过，在中前部的局部出现了一、二度音程平行、同向进行的三小节旋律，而且还连续出现了 13 个同度和二、四度的不协和音程，一、二度的根音对比略显模糊，而且还阻挡了北岸背景山外环境景观中的弥陀禅院在城市借景中的视线。

总之，无论我们从什么角度对城市轮廓线采取什么音律的分析方法，只要我们将城市轮廓线比作音乐旋律来规划设计，那它们就必然需要遵循一定的音乐美学和形式美学法则，才能体现出城市轮廓线音乐般的优美和富有城市情感。

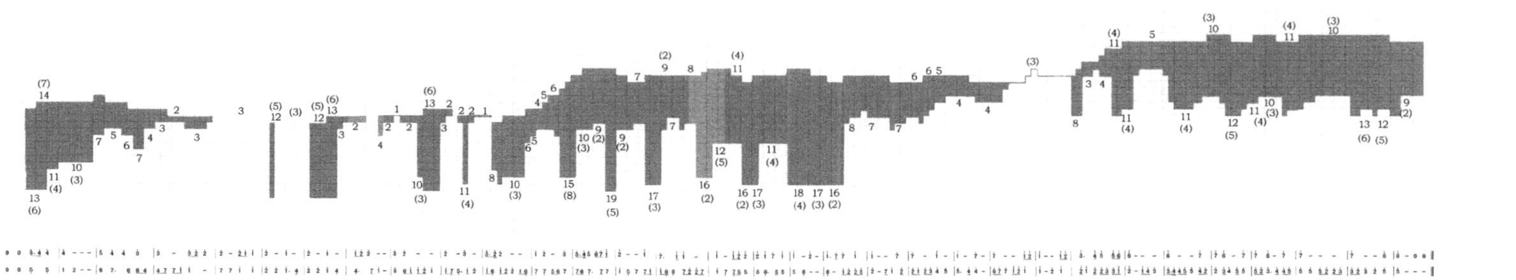

图4-25 北岸城区轮廓线组合音程谐和程度分析

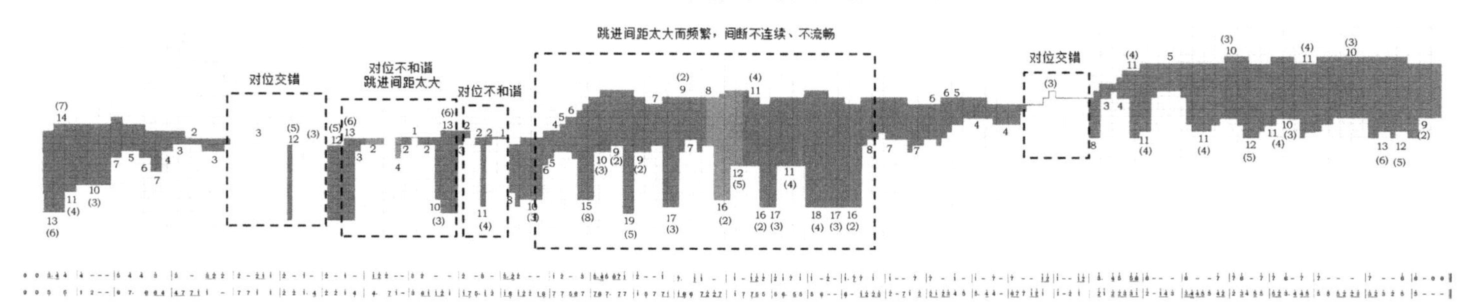

图4-26 北岸城区轮廓线组合旋律对位（距离）分析（V=1×2）

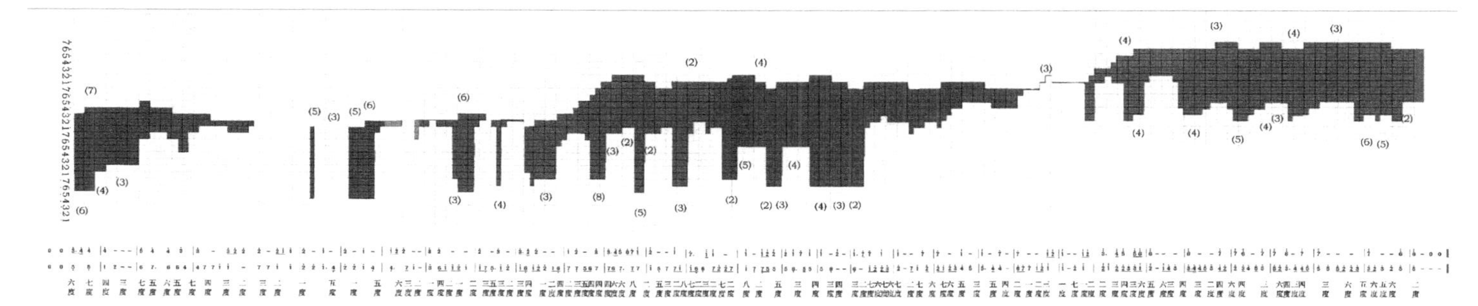

图4-27 北岸城区轮廓线组合旋律和声音程（距离）分析

2. 轮廓线景观尺度评析

利用前面介绍过的 A–V 效应视网格的黄金网格分析法，对画面中的轮廓线及其组合进行视觉尺度上的分析。通过绘制分析图，认为 Z 城滨水北岸城市轮廓形态的表现，无论是从建筑轮廓或者与山体轮廓线的组合上，都表现出形式上的比例与尺度不够完美。建筑的分散与集合，高度与延伸，以及画面的构图比例等，黄金矩形在整体轮廓线组合的比例尺度运用上表现不突出，整体构图的黄金点也显不出轮廓线的高潮区域（图 4–28）。但从高层建筑轮廓线与山体轮廓线的相互关系上看，最理想的表现是建筑轮廓线低于山体轮廓线，而且有两处轮廓线的起伏进行了互补，这样既会使山体轮廓线有效地增加了背景层次，也使得城市本身轮廓线的高低起伏、错落有致形成二者之间的相互呼应，取得整体轮廓线的协调。图中反映出在二者的景观形式上，地形高于建筑群体，山体形态的流畅与起伏弥补了建筑轮廓的不足，而且山体与建筑的质感对比比较符合黄金比例，同时山形轮廓线还顺应了建筑轮廓旋律由低向高的逐渐演进，配合了整体上景观序列的延伸。

最后，在进行景观构图评判时，还需要注意对轮廓线区域内，背景山体有无需要通透的景观视线要求进行分析，然后提出调整建筑高度的校正意见。北岸山体存在一处明代时期的寺观，现称北山公园。公园内有塔楼突出表现，由于属于次级景点，而且还没被建筑遮挡，在可控视线之内，因此建筑轮廓线无须进行修正。

（二）西岸城区轮廓线分析

1. 轮廓线音乐旋律评析

Z 城西岸城区，依偎着西山山麓，是由相对久远的老城区演变而来，具有一千多年的历史。唐宋时期曾经是 Z 城古城外的郊野公园，与北山古城隔河相望，历史古迹

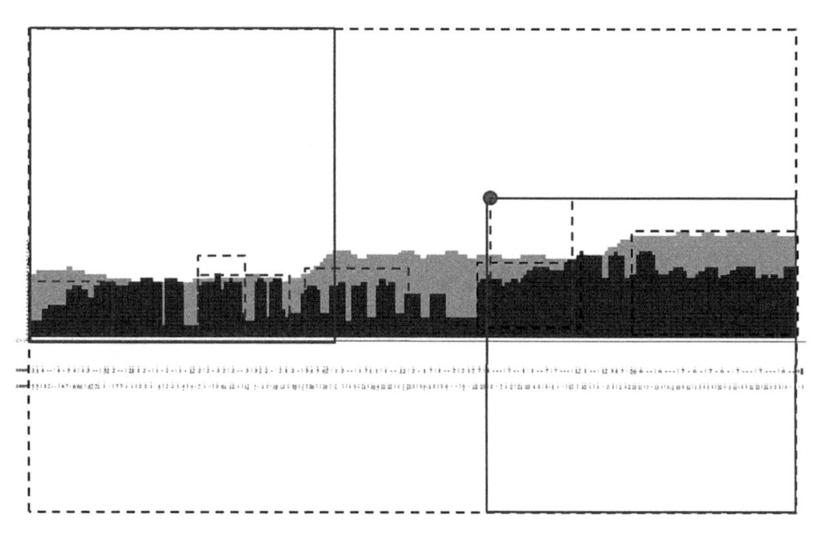

图4–28　北岸城区前景建筑轮廓线景观（黄金）尺度分析

甚多。曾经引无数古代诗人驻足游览，诗人李白、黄庭坚等留下了许多珍贵的诗句和石刻，西山悬崖建有太白祠，因此西山也名为太白岩。新中国成立后，由于西山脚下的城区不断发展为初期的新城中心，因此建筑群体大量堆砌，特别是21世纪初城市建设大量开发，城市规模越来越大，高层建筑越来越密集，加之山水、山地城市风貌台阶布局，层次丰富，因此构成了具有多层次的建筑群体轮廓线。

在A观赏点位置进行对景观测，我们将西岸城市轮廓线划分为一段2+1结构的轮廓线组合，具备前景、中景加背景的三层次结构。前景为临江的建筑群体轮廓线，中景为沿着山地布局的建筑群体轮廓线，背景为西山的山体轮廓线。两个建筑层次的轮廓线分别作为前景和中景，山体轮廓作为背景（图4–29）。

（1）建筑前景轮廓线

前景轮廓的音乐旋律表现为主歌和副歌的二段体结构的乐曲形式。前段体的主歌表现为一段完整的讲述，在段落的序列上，旋律无反复的变化。从（似古塔建筑）序曲开始，形成引导，然后音乐旋律缓缓上升发展，稍后旋律又微微起伏，平稳转折、过渡，很快又升至高潮，再转转折过渡到结景，整个音乐旋律的起、承、转、合结构表现完整；从景观意义上看，也形成了起景，转景、发展、高潮、结景较好的序列。后段体的副歌，也表现出了一小段完整的结起景、（小）高潮、结景的景观序列三段式结构，在第二个黄金点也出现了小的高潮。经过平稳的“转”旋律过渡，再轻缓的上升到一个小高潮，旋律再缓缓地下行，又比较平稳地结束，整体上与前段主歌旋律形成了很好地呼应，和谐、流畅。各段基本上前低后高，而且主次分明，高潮均位于黄金点前后，保持了不对称的重量均衡关系（图4–30）。

从音乐旋律的音程上看，整个乐段，乐曲的旋律起伏变化都在和谐的音程范围之中。乐曲的开始，首先就表现一个五度上行大跳，舒展、活跃，紧接一个上行级进后又随即五度下行大跳的旋律音程，接着又与五个稳定时值的上行级进联用，行进中显得坚定、沉着，充满联想；然后进入三个小节的上、下行级进交替，显得平缓、微稳；在一个三度下行大跳后，又七个上、下行级进交替出现，中间夹有一小节的同音反复，更趋于平缓、沉着；从乐理上讲，在乐曲高潮旋律音程大跳之前常采用级进、小跳或同音反复，特别是上下行音程级进的交替出现，这样既可以使大跳来临时产生动感的强烈对比，还能取得音乐与形式美学上的听觉及其可视旋律线的视觉重心均衡；之后

图4–29　西岸城区城市轮廓的前、中、背景层次

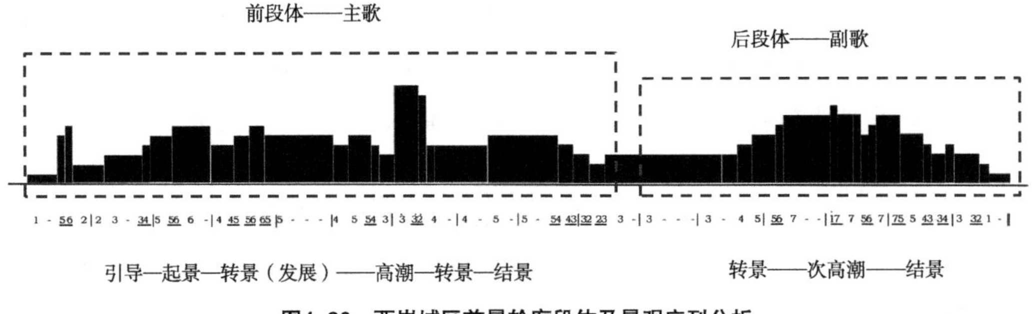

图4–30　西岸城区前景轮廓段体及景观序列分析

突然以和谐八度上行大跳达到第一段落也是全旋律的高潮点，感觉激动、奔放；紧接着同音反复又级进接六度下行大跳，以缓慢同音反复交替上行级进稳定的两个小节作为旋律尾声，同时平稳过渡准备开起第二段体的旋律。第二段落体接第一段落同音反复后作为开始，在一个小节内逐步上行四个级进，此时通过一个上行级进形成第二段落的小高潮点，然后接一个同音反复音程，随即三度下行大跳和紧接三个上行级进再重复一个三度下行大跳音程，最后逐渐以稳定的连续下行级进音程至乐段结束。整段乐曲的旋律，几乎全部保持了协和音程的旋律音级（度），均由一、四、五、八和三、六度等谐和音程的组合变化而构成，同时乐段的高潮正好符合八度音程感受，因此也支撑了全段旋律的和谐音程效果，从而视觉上也才具备了轮廓起伏有致而流畅的可视效果（图 4–31）。

（2）建筑中景轮廓线

处于中景位置的第二层次的建筑群体轮廓，它所对照的音乐旋律类似于一段体的段落结构乐曲形式。整体段落表现前高后低，由于建筑轮廓地处第二层次，属于从属地位，轮廓整体起伏相对较平稳。在旋律进行的方向上，由于山地地形的影响，这一层次的建筑轮廓高于前面的建筑线主调，旋律音程高起进行，随后逐渐下行，表现出松弛、波动且逐渐趋于结束的音程特征。音程主体结构呈五、四、三度反复跳进与舒缓的上下级进与同音反复交替且均匀节奏逐渐舒缓下行，整体上旋律音程高低起伏、

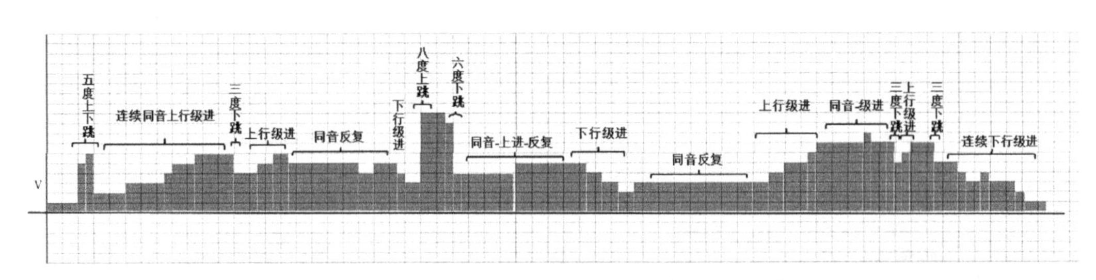

图4–31　西岸城区前景建筑轮廓线旋律音程分析

错落有致、连续流畅。旋律开始的两个小节表现为四个连续的上下级进，表现平和、稳定；随即一个五度上行跳进，依一小节的下行级进加一个四度正反上下跳进再连续上行级进后转五度下行大跳，形成一个该段落旋律的起伏小高潮（图 4–32）。

（3）山体背景轮廓线

西岸背景山的轮廓线形态，整体上从南向北由高到低缓慢的延伸，以水平方向小幅度微微地起伏，山脊线流畅、平稳，表现出一段式结构的乐曲旋律形式，中部的旋律音程略微高起，行进后期开始逐渐下降至结尾。整段轮廓线的旋律音程几乎全部是在婉转的起伏中由大小二度上行、下行级进音程与多小节同音反复音程交替形成的旋律组合。前部逐渐上行级进的旋律音程均匀的微微起伏变化，同时也表现出转景至小高潮，然后逐渐下行至结景的景观序列。同样需要注意的是，在进行城市空间规划与设计时，建筑高度的控制要充分考虑到山体轮廓形态不可控的特征，对其加以利用，才能形成最佳状态的城市景观轮廓线组合（图 4–33）。

（4）前景 + 中景 + 背景组合轮廓线

Z 城西岸城区的城市轮廓线，根据建筑与山体的组合层次，可以分为三层，即前景建筑轮廓线、中景建筑轮廓线和背景山体轮廓线的轮廓线组合。如图 4–34 为我们对轮廓线组合进行了 A–V 效应的旋律转换，形成类似于数码音乐可视图的柱状轮廓效果，并进行旋律的编辑，谱写出三种轮廓所对应的旋律。

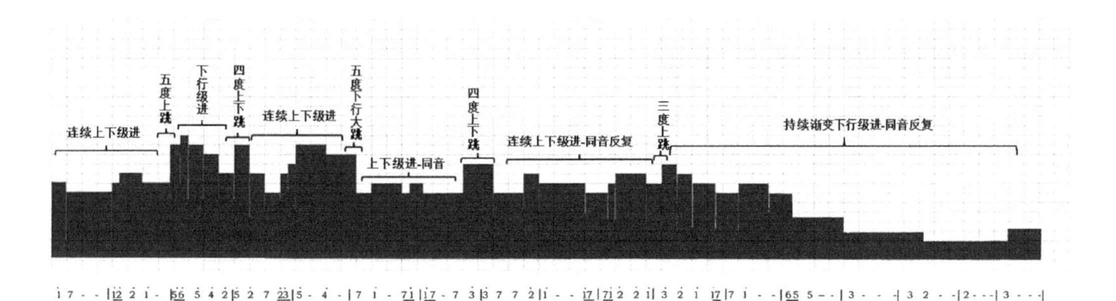

图4–32　西岸城区中景建筑轮廓线旋律音程分析

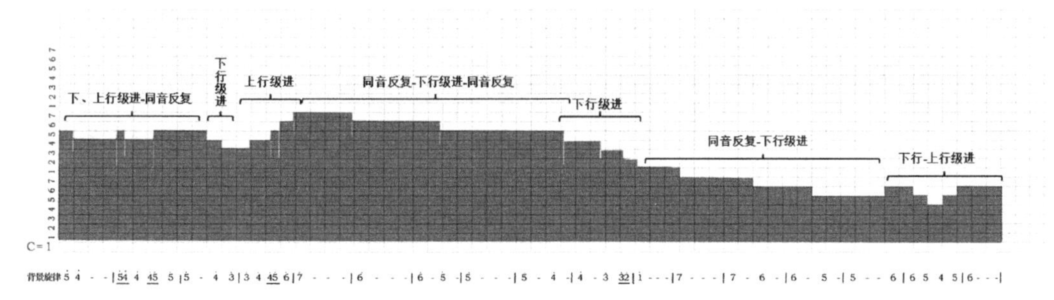

图4–33　西岸城区背景山体轮廓线旋律音程分析

图 4–35 是通过对山体与重叠建筑群体轮廓线相互对应组合的类似于“图底关系”的表现示意图，反映西岸城区三种轮廓线所转换为类似独立旋律声部结合在一起而构成的一个整体景观轮廓线组合。可以看出，三者组合构成的轮廓线，似乎也存在纵向上“对位”，横向上进行的和声旋律的特征。于是，我们可以借鉴乐理常识的“对位”与和声关系，对这组城市轮廓线的组合辅助地进行旋律特征分析。

西岸城区第一层次建筑轮廓线，即主题旋律，具有较好的波浪曲线主次分明的特点，旋律进行有起伏，有层次，而且流畅丰满，起承转合形式完整；前部、中部及尾部四处级进均表现舒缓而平稳；起始部位从古建筑轮廓线以五度大跳折回作为旋律的开端，出现一小的高音点；中部以八度大跳进入旋律高潮，形成主题和整体轮廓线组合的视觉重心。从主题旋律线条总体上看，以平稳音阶级进和小跳起伏为主，辅以大跳，旋律进行与发展较好；高点和低点分布均匀，位置恰当，表现出的节奏、时值较为和谐；但是，在主题旋律进行中，其中部有三处音程在同一高度上时间逗留偏长，使得在音高的起伏发展变化上，缺乏高低对比，旋律稍有停滞，并影响旋律流畅进行；主题旋律结尾前的部分出现了又一次高潮，但级进的上下行音级体量过于偏重，使得尾声不太清晰和轻快，结束有些急促。

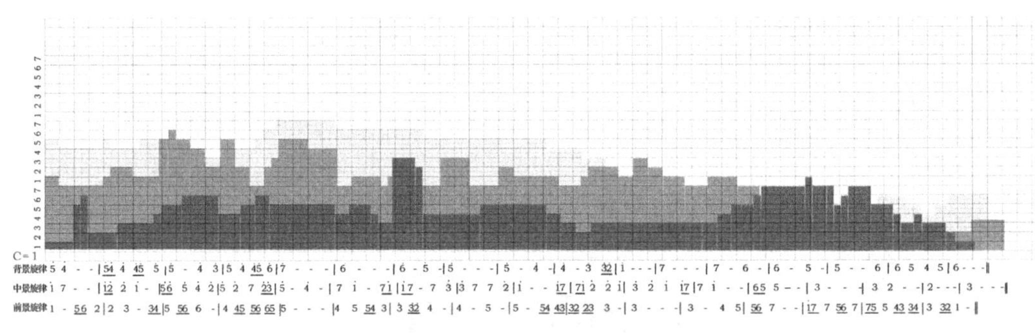

图4–34 西岸城区城市轮廓线旋律组合

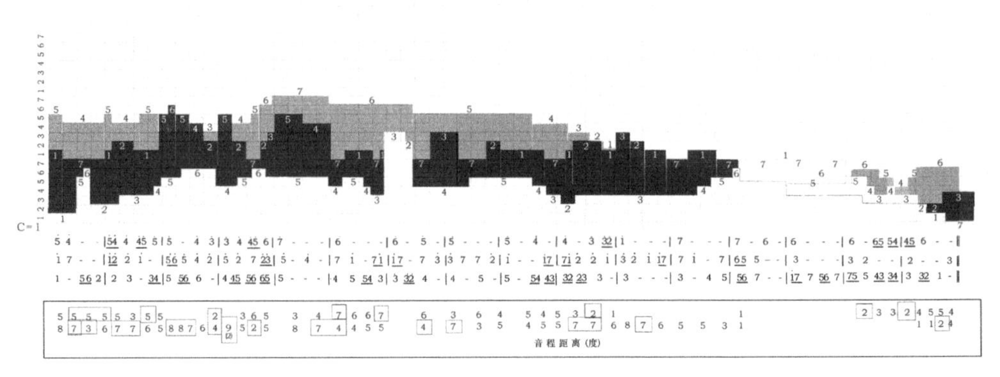

图4–35 西岸城区城市轮廓线旋律组合音程分析

如前有述，处于中间第二层次位置的中景建筑轮廓旋律的音程结构，主要呈协和音程反复跳进与舒缓的上下级进与同音交替进行，整体上旋律音程表现为高低起伏、错落有致、连续而流畅。

作为第三层次的山体背景轮廓线，流畅缓慢，起伏平缓，旋律组合只有简单的级进变化。具有恒定不变的旋律特征。

如在图4–35黑白对比图中相应的位置分别标出了三段“音乐”轮廓旋律中音符及其音点，而在转换后谱写成的乐谱下方是根据前景、中景、背景三段不同的旋律音符对应注出的组合轮廓旋律线段之间的音程距离（度）的分析值，便于对这组轮廓旋律进行类似于复调音乐的音程分析。在复调音乐中，通常要求音程的性质最好多采用“协和音程”及其旋律多声部组合，特别是在一些关键的节点上采用协和音程，才能使乐曲产生美好的听感，同样也会产生轮廓比例尺度上的优美旋律般的视觉效果。

通过对轮廓线多声部旋律组合的音程对比分析，找出了多处不协和音程的音点分布（图4–35中下方方框内标注）。除了不协和音程的表现位置，还反映出极完全协和音程表现出来的冗长、空泛且平淡的同度音程局部；而且三段旋律之间的音程和谐度还不够互补与协调，整体上的高低错落组合还存在比例尺度上的缺憾。这样的旋律分析显然可以为我们的城市空间规划与建设提供很好的参考，鼓励我们在城市更新中怎样去为城市风貌形象更加美好而努力追求和创新。

诚然，我们不可能一成不变地按照音乐理论中的对位规则或和声规则来对照分析建筑轮廓线的旋律组成，我们也不可能教条地做那样的对比。一方面城市空间物质组合的复杂性，以及建筑群体对象多样性等属于物相领域，而音乐艺术属于人类的一种行为意识活动，二者具有不可比性；另一方面，城市的规划建设及其城市的建筑空间构建是一种工程宏大的空间塑造的工程技术，而音乐艺术则表现为细致、细腻与小心翼翼地去渗透人们心扉和心灵深处的感化行为艺术。不过，既然我们的建筑学家与艺术家等前辈们都同时感慨“建筑是凝固的音乐”“音乐是流动的建筑”，也绝非偶然，因为它们最终的目标都能将一种艺术形态展示在人们的眼前和内心深处，都能激发出一种美的感受和享受。它们两者的结合点，其实正是共同体现了黄金美学的形式特征：比如音乐的音程有高低的组合，其音程的“度”量关系，也就是音与音之间的“距离”；有“距离”也就具备了尺度与比例的关系存在。中外古代的人们曾经不谋而合地实验出惊人的成果，他们用一根弦，取三分之二得五度音，再截取剩下的三分弦长取其二，得五度音的高五度音，如此进行下去，最后得到的结果便是这根弦的原长与截取后的弦长之间的比例为十分接近黄金分割率的比值[①]。有专家认为，从音程关系上看，在一个八度音程内从两

① 中外古人的惊人成果系指历史上的古希腊数学家毕达哥斯拉（约公元前572–公元前497年）发现的“五度相生律”（弦长比例为1：2/3），以及我国春秋战国时期的管仲、吕不韦发现的“五度相生律”。

端分别取两个黄金分割点，正好是纯五度和纯四度，为两个优美和谐的音程；倘若继续在一个纯五度范围内再分别从两端取两个黄金分割点，又正好是大三度和小三度，分别与纯五度以内组成大三和弦和小三和弦，这正是音调最协调的和弦[18]。以上分析，足以说明音乐中的音程（距离）黄金比例与城市空间比例中黄金尺度之间的关系具有相同的美学意义，我们正是利用了音乐中音程高低距离或和弦的数比关系所反映出的黄金旋律特征，结合城市建筑的轮廓线及其组合恰似音乐旋律组合的表象特征，来寻求它们之间的一种联系，变美好的听觉感受为艺术的视觉形象欣赏。既然音乐的旋律音程产生了可视的“距离”数比效果，就有了比例与尺度的关系，也就具备了共同的美学法则及其美妙的表现，因此二者也就有了彼此的可比性和借鉴意义。通过它们之间的关系研究尽可能地将音乐美学借鉴且引入到我们的城市形象规划与设计的领域中，塑造成城市的艺术和风貌形象，提升城市的艺术气质和美学形象。

因此，当城市空间轮廓具有一种多层次的音乐和声效果组合时，音乐旋律的和弦效果便可以让我们在美化城市轮廓的风貌和形象时提供借鉴。例如，在音乐乐理中，以一个音响作为主音（根音）再加其上相隔三度的三个音组成，并同时音响出这三个不同高度的音组合，因此构成了最基本的三度和弦音，它是音乐旋律中一切和弦的根基，如 1–3–5（C）、2–4–6（D）和弦等。一首音乐作品，一般都需有一个主旋律，为了让其音乐具有更加生动的旋律效果，就需要再加上和弦来予以衬托和修饰。通常按照三度的音程关系构成的和弦，因为它们各音之间保持较为和谐的距离与紧凑度，比较符合黄金美学比例（1 ∶ 3/5），所以音响效果协调且丰满，在乐曲中被广泛运用。

我们在进行多层次城市轮廓线的旋律模拟分析时，同样可以借鉴音乐和弦的黄金比例来辅助分析轮廓线的旋律美感。如图 4–35 中的 Z 城西岸的三个轮廓线层次正好可以对照三和弦组合原理进行近似的对比分析，也许会让轮廓线的起伏更加像一首动听的音乐旋律，让人们产生美妙而富有愉悦的视觉效果感受。不过需要注意的是，音乐旋律与城市空间二者之间的关系，从物质层面相比较是截然不同的。城市空间复杂的组合与音乐旋律创作在平面上可视表现还是存在根本上的差别。因此在相互借鉴的过程中，我们需要客观而且更加贴近二者共同在形式美上的突出表现来认识与分析问题。在音乐旋律创作上，旋律在听感之外的可视性表现为在纵向上以不同高度的音级体现了音程之间的距离与尺度，这些距离尺度还确定了比例适度的和谐之音，例如一、四、五、八度等和谐音程及其组合。这些音乐旋律的音程可以在寸方的平面上采用五线谱的形式表达出来音程的高低尺度，符合黄金比率的一些和谐音程也就产生视觉效果，这非常类似于并且吻合了黄金矩形的比例尺度。不过，音乐旋律的可视性属于微观的小尺度，表现严谨、细致；而城市空间的轮廓线及其比例则属于大空间的宏观大尺度，使得这些处于大空间中的建筑群体的体量、形态、长宽等之间的尺度关系变得更为复杂和随意。不过，既然二者具有共同的美学表现特征，也可以采用同样的黄金比例尺度的美学法则来加以分析，只是比例尺度的运用上有所不同罢了。例如，音乐旋律表现一个丰满的三和弦，在由下至上的音程“台阶”上就会出现1、3、5两个三度音组合的三个和弦，也就相当于“三个层次”“五级台阶”的距离尺度。倘若运用到图4–35中的三个层次的城市轮廓线分析中，就等于最终需要表达出前景、中景与背景三个层次的轮廓线之间的叠织距离尺度比例关系，看其是否基本吻合黄金比例的美学法则。我们应该知道“菲波那契数列”，也有人称它“黄金数列”，即数列1、2、3、5、8、13、21、34、55、89、144……其特点表现为这个数列中的每个数都是它前面两个数之和，若除以前两数之和，其值越来越接近黄金律（0.618……）。这些数值作为比例尺度运用到我们对城市空间的尺度分析，也就很清晰地看到了城市空间尺度的和谐比例了。1、3、5、8……这些数值无论是在音乐的旋律音程中，还是在城市的建筑尺度中，都展示了大自然中所有物质所具备的黄金比例的特质，它无疑为我们提供了借鉴音乐旋律来分析城市轮廓线的重要依据和方法。

另外，在黄金比的数字比例尺度上，二者的表达也各有不同。音乐旋律的多声部轮廓线段间的距离“尺度”范围比较“狭窄”，旋律可视轮廓线的起伏一般在低、中、高音3个八度音程之内进行表达；而对于城市空间，尺度比较大，多层次轮廓线段间的距离尺度范围较大，山体、建筑、植物等整体间的比例也较大，形成的前、中、背景的轮廓线高差也不易控制。但是我们依然可以根据黄金数列的规律，扩大城市轮廓线的所谓“旋律音程”的音级级数的比例范围，虽然音程超出了音高三个八度以上，但经旋律音程数列换算后比值依然锁定在黄金比例尺度以内，如8、13、21、34……的数值。然后通过基础乐理技法采取复音程换算为单音程，便很容易找到直观的距离尺度，这样对于分析轮廓线旋律音程的协和程度，判断多层次轮廓线之间比较和谐的尺度就十分便捷。根据黄金比例的数列换算的单音程数值，基本都为六度和谐音程左右的范围，很容易大致确定轮廓的旋律音程与和声音程的协和程度，从而对轮廓线高低起伏的尺度与行进段落的比例进行校正。

总之，助于音乐旋律的基础乐理，我们就可以依据城市整体空间中一种或多种轮廓线组成要素之间的关系、比例，按照形式美法则的尺度要求进行合理而适当的分析研究，除了自然山体轮廓线具有固定不变的因素外，建筑高度及其建筑群体的组合，以及植物林冠线的安排与设计，都可以通过城市空间的规划与设计手段来达到我们塑造城市空间形象与风貌特征的目的。只要我们按照一些艺术设计要求控制好建筑高度及其组合所形成的城市轮廓线的高低起伏与错落有致的关系，就能够对城市的空间景观设计起到一定的作用。

2. 轮廓线景观尺度评析

Z 城西岸城区的空间轮廓线及其组合表现，无论从第一层次的建筑轮廓和第二层次建筑轮廓，以及第三层次的山体轮廓，都各自表现出比例尺度上较为完美的形态。前景主题建筑轮廓线的旋律，段体分明，起承转合完整；从景观设计的角度，三段式的起景、转景、高潮、结景序列也表达清晰；中间轮廓线作为第二层次背景，基本顺应了主题旋律线的起伏跌宕，局部的反向、错落配合较为和谐，起到了景观陪衬的作用；山体线轮廓线作为主题旋律的大背景，结构形式简单、线条起伏平缓、流畅，符合景观基调的功能作用。从轮廓线的多层次组合上，前、中景高层建筑轮廓线与山体轮廓线的相互关系整体上比较和谐，最理想的轮廓景观表现符合建筑轮廓线低于山体轮廓线，三个层次之间都各有两处在局部表现了轮廓线的交叉互补，有效地增加了背景层次，组合轮廓线整体上的高低起伏、错落有致形成了三者之间的相互呼应；山体形态的流畅与起伏弥补了建筑轮廓的不足，同时还顺应了建筑轮廓旋律由低向高的逐渐演进，配合了整体上景观序列的延伸。但作为背景的山体轮廓线整体上偏低，视觉上感觉“靠山”不足，这是由于中、近景的建筑高度偏高所致；另外，右侧旋律临近结尾部分，旋律比较单一，第二层次的建筑轮廓和第三层次的背景山体轮廓，表现太弱，三段旋律层次之间缺乏对比；而且反衬了第一层次的主题轮廓线比较臃肿，使得主题整体重心往右侧产生了偏移（图 4–36）。图中有多处框现的黄金矩形，较好地反映了三段轮廓线组合之后高程差所表现出来的山体、建筑与植物之间的质感均衡和构图平衡。

在进行景观构图评判的同时，也需对轮廓线区域内的山体有无要求保护的景观视线通道存在进行衡量，倘若要保留视线，需要进行景观视线分析，并提出调整建筑高度的校正意见。西山存有唐宋时期以来珍贵的石刻等人文遗迹和太白祠遗址，现称太白公园。公园位于半山悬崖之上，古遗迹的分布在崖缝中延长数百米，历史保存完好。由于山体高大，位于江边开敞空间均在可控视线之内，因此建筑高度控制较好。

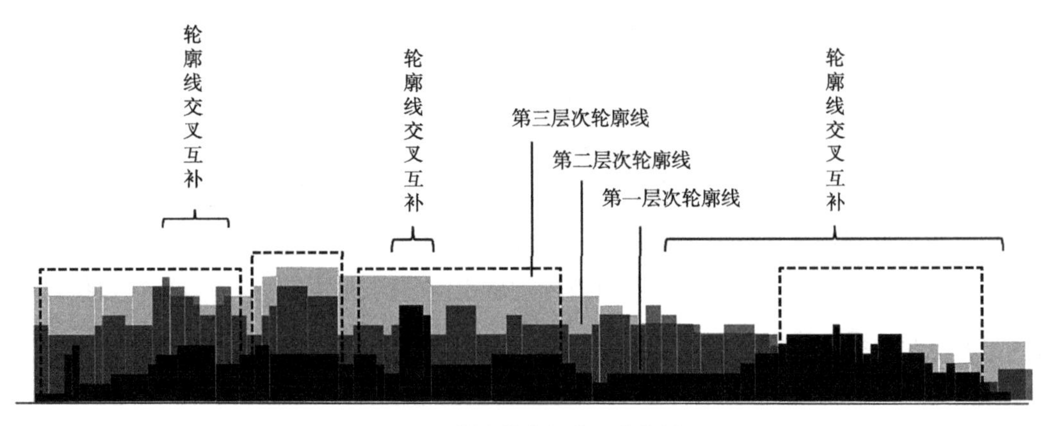

图4–36　景观轮廓组合尺度分析

四、Z 城区城市景观轮廓线及其旋律对位补景比较分析

为了进行深入的研究，我们可以利用音乐乐理中的复调音乐“对位法”以及主调音乐等表现特征和主要规则和原理，结合对城市景观空间轮廓线的塑造特征，借鉴性地修改城市轮廓线的比例和尺度。

前面我们讨论了城市轮廓线与音乐旋律对位两者存在的物质异性以及它们的平面表现和空间表现所显示出的各自特性，但由于音乐旋律与城市轮廓线具有共同的美学基础以及黄金比例尺度的可视转换，因此它们之间的一些规则便可相互的交叉借鉴和运用。例如在城市景观设计中，对于山体轮廓与建筑轮廓比例尺度存在的较大差别，我们完全可以采取同等比例缩放的方法，将旋律的和声音程距离（高度）比例缩放到城市空间尺度之中，融合城市空间与音乐旋律关系之间的共性表现。如超过八度的复音程乃至多八度音程，换算为单音程，以始终保持音乐旋律的协和性（图 4–37）。

我们既然从研究城市轮廓线与音乐旋律关系角度出发，就可以借鉴和利用乐理知识中的和声对位规则，考虑从以下几个方面开展对城市轮廓线构成的旋律进行修补和校正：

第一、根据复调音乐特征，观察多声部音程是否以协和音程为主，特别是较为充实的协和音程（如三、六度）的音和音的结合。协和的音响，可以使人心情舒展，消除疲劳；而不协和的音响，犹如环境中的噪音，让人神情压抑，深感不适。因此，我们可以考虑使用协和音程的音响效果，同时也可以适当地采用少量的不协和音程，以避免音程太协和而发腻。

第二、在轮廓线主要的节点位置，也即音乐旋律中显著的节拍部位，尽量避免出

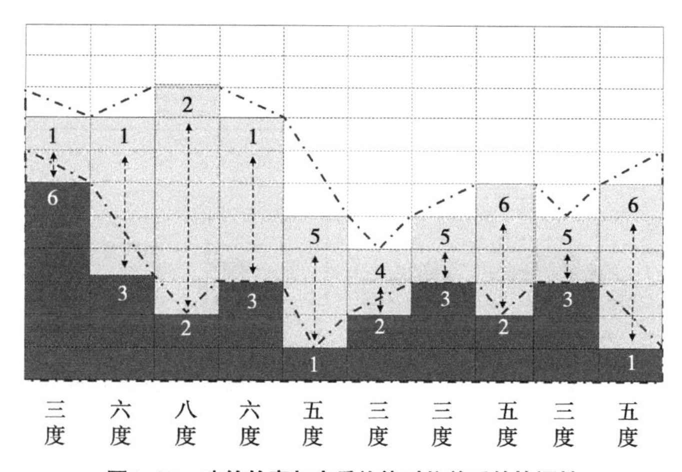

图4–37 建筑轮廓与音乐旋律对位关系的协调性

现不协和音程，如二、七度、增四、减五度等；一是避免音程接触太靠近（暧昧），二是避免太拉开（尖锐）。

第三、旋律多声部的斜向和反向进行最能突出线条的特色，最具和声和复调的味道，它是复调音乐的主要形式；可以借鉴运用于多层次轮廓线之间的组合构造（图 4–38 中）。

第四、声部（轮廓线）的同向或平行进行，往往最不容易显现声部线条的独特性，因此尽量避免五、八度完全协和音程的同度平行使用或同度连续使用（图 4–38 上）。

第五、为了寻求旋律（轮廓线）的流畅与变化，可以少量或局部出现一些旋律（轮廓线）交错，但不宜过长或过多，尽量保持起伏适度，轮廓分明（图 4–38 下左）。

第六、声部（轮廓）大面积超越会干扰和破坏旋律轮廓线的连贯，也要尽量避免（图 4–38 下右）。

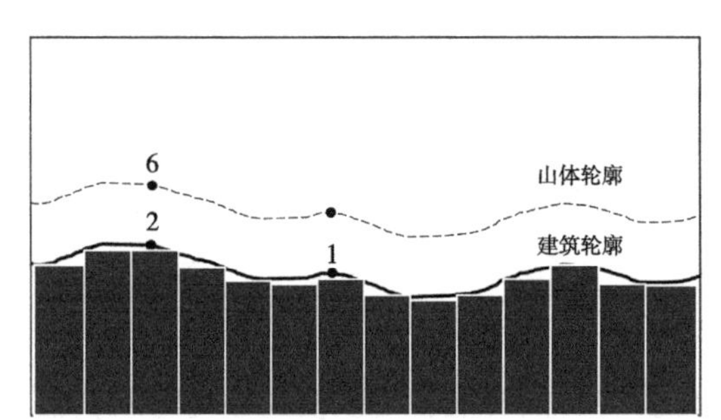

平行轮廓线——旋律声部同五度平行进行

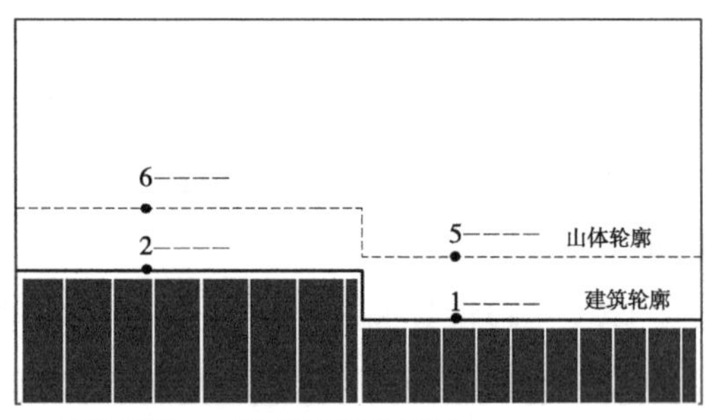

平直轮廓线——旋律声部同五度同向进行

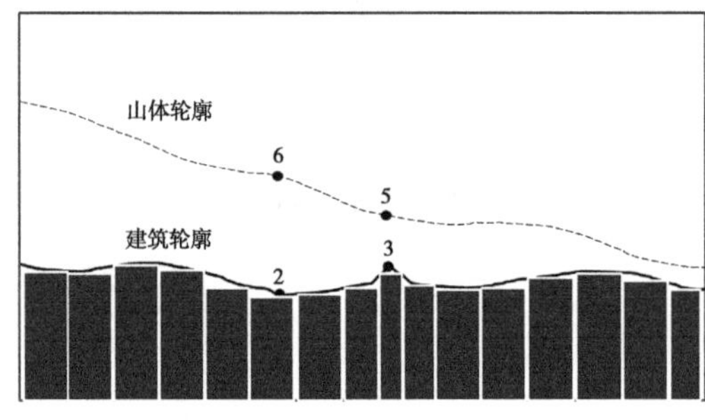

斜交轮廓线——旋律声部斜向进行

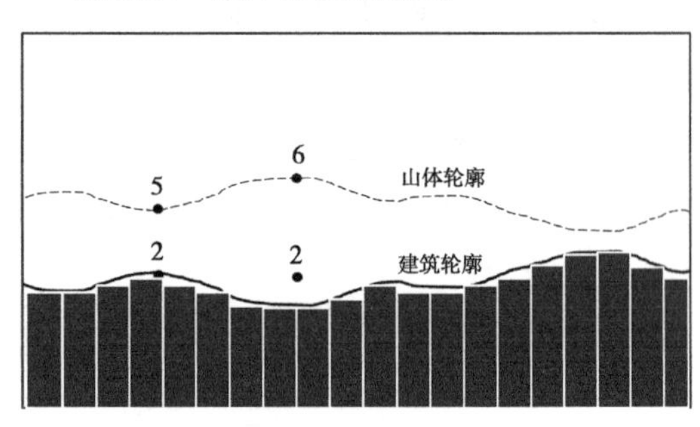

对称轮廓线——旋律声部反向进行

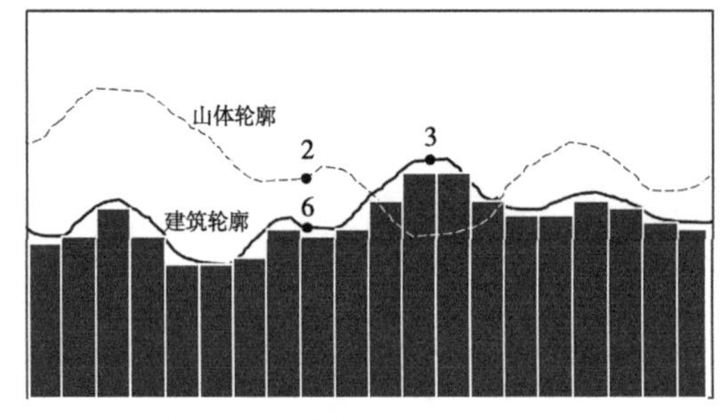

互补轮廓线——旋律声部交错

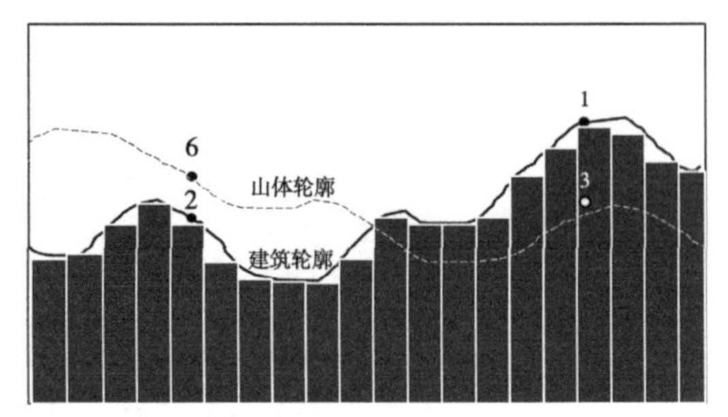

交叉轮廓线——旋律声部超越

图4–38　轮廓线组合特征与音乐旋律对位关系比较

（一）北岸城区城市轮廓线整体补景校正

（1）旋律音程补景

在对Z城中心城区的城市轮廓线所构建的乐曲旋律分析中，我们根据乐理常识中的美学原理，利用音乐方面的规则对照了轮廓线及其组合中存在的一些尺度或比例不和谐问题。由于音乐旋律与城市空间景观之间所反映出来的共同的视觉特征，因此我们可以对分析出的问题进行纠正。尽管我们对问题分析是参照音乐旋律规则进行，但是研究对象直接涉及城市空间中的建筑形态组合与建筑环境空间以及建筑高度等具体的尺度和比例，故而它们具有可比性。

根据北岸轮廓线中存在的问题，首先从视觉上直观地看出局部建筑高度不合理所造成的轮廓线的不连续，不流畅，纵向比例失调，高差对比不符合比例等情况；从乐理规律上对比发现，在一些视觉尺度不协调的部位，存在旋律音程不和谐的点位，因此造成了和声旋律不同声部对位的不和谐。我们根据音乐美学的规则，须从轮廓的旋律音程上进行局部的适当修补。可以结合景观视觉美学尺度的感受，同时尝试对这些部位进行协和音修补，将不协和的音程修补为协和音程。在修补时，一方面遵循基本的音程规则对旋律中主要节点上的强拍音、次强拍音的不协和音程进行协和调整；另一方面，根据建筑群组合与排列所构成的轮廓线的高度与起伏，同时考虑立面构图的韵律美学，如重复、渐变、交错、自由和突变等韵律规律；然后将二者综合起来进行对比分析和修补。

因此，修补的主要任务，就是采取结合景观序列的有序与变化规律，通过调整旋律和声音程的和谐对位，保持两个层次轮廓线的尺度和比例的关系。

图4–39为北岸城区城市轮廓线修补前后对比图。下图中标注的部位，即为对照旋律音程基本对位情况，结合景观轮廓线的立面尺度与比例分析，作出的“协和音程”修补（注：建筑层数与单元格的比例取 $V=1\times2$[①]）。总体上看，采用乐理中复调音乐的旋律对位基本方法找出的问题，与城市空间轮廓线所表现出的景观序列的视觉规律及其感受比较吻合。这也说明了音乐旋律的可视效果与城市空间中的建筑组合形态的视觉表现，均符合黄金美学的比例与尺度关系，它们有着共同的审美表现。

（2）植物林冠线景观补景

由于山体自然形成的不可控性，无法改变轮廓现状，除非低矮的小型山体或丘陵，可以在上面植树造林，适当的增加山体的高度和造型，起到轮廓线的有效高度作用。其实，城市轮廓线的主体，主要是城市空间中的建筑群体及其空间组合，它往往就是我们城市轮廓线的主题旋律，是我们进行修补的重要对象，因为它具有可控性。特别是在城市规

① 根据1个视网格单元导入图后所框取的实际建筑层数，作为缩放比例尺度。

划与设计的过程中，城市建设之前，如果我们能够认真仔细地分析一座城市的构成空间与形象风貌的建设的关系和目标，我们就会依托美丽的自然山水，保护青山绿水，以它为重要的天然环境因素和自然背景，作为城市最基本的背景音乐旋律。这样一来，既保护了城市中不可多得的自然山水环境，又能充分地利用它作为城市轮廓线的重要音乐旋律的一部分，是帮助我们塑造美丽城市形象风貌的极好素材。在城市建设中，因为不科学地进行城市空间规划与设计，盲目建设而破坏了城市整体空间和形象的做法，实在是令人遗憾。这种盲目的城市建设还不在少数，给城市留下了极大的遗憾。因此我们在城市建设之前，一定要做好城市的空间规划和城市设计，以及城市的风貌规划与景观设计。因此，一座风景秀丽的山水城市，设计中显露山水尤其重要。

植物林冠线，也是属于可控的城市轮廓线，相比建筑轮廓线，它更具可控性和可塑性，而且可以在城市空间建设完成以后，反复进行造型和修补。由于它在城市空间中起到的轮廓线作用往往不是主题层次，因此一般就作为轮廓线的前景或背景来辅助主题的旋律形成旋律层次。不过在城市空间的外围或远郊，却是很好的山林轮廓景观，当可以非常亲密地与山体结合一体而成为城市的远景轮廓线，塑造了围绕城市山峦叠嶂起伏，崇山峻岭延绵不断的远山景观轮廓线，犹如一曲舒畅而优美的大自然绿色交响旋律，流向天边、流入海洋，豪迈而奔放。

正是因为植物林冠线的可塑性，我们便可以采取设计植物种植放置到城市空间适当的位置形成我们需要的城市内部局部空间的景观轮廓线。如，作为城市大背景；作为城市某一角的小背景；作为园林设计中的景观基调、主调、配调、转调等植物景观序列；作为园林中地形缺陷的修补和山地体量不足的“壮山”修补等。植物造景在城市空间诸多景观的利用均与城市轮廓线的塑造有关系。在 Z 城滨水两岸的城市轮廓线的构建中，尽管滨江两岸的城市建设已基本完成，也不可更改，但无论是现在还是将来，面临着城市建设空间的进一步完善以及今后的改造与更新，随时随地都离不开植物林带的造景作用和修补作用，它作为城市轮廓线的一部分，总能够在视域内的轮廓前景上起到关键的作用。图 4–39 中所反映的 Z 城北岸城市轮廓线，由于新建城市空间的时效性，还缺乏前景轮廓线的和声旋律。倘若我们做好滨水绿带的植物规划与种植，积极配合建筑主题轮廓线和山体轮廓线，形成三声部和声旋律结构，那么北岸区段的城市轮廓效果必定会更加完美。图 4–40 为前景轮廓修补后的轮廓线旋律景观效果。图 4–41 为北岸城区城市轮廓线修补后的多声部音乐旋律表现。

（3）轮廓线组合综合表现效果

通过以上对轮廓线旋律音程修补分析，便可以进行修补后的建筑高度控制与调整的参考建议。图 4–42 为北岸城区建筑主景轮廓线对位修补前后的对比分析图；同时通过增加植物林冠线作为前景轮廓线之后既修补了建筑主景轮廓间断、间歇的空间不

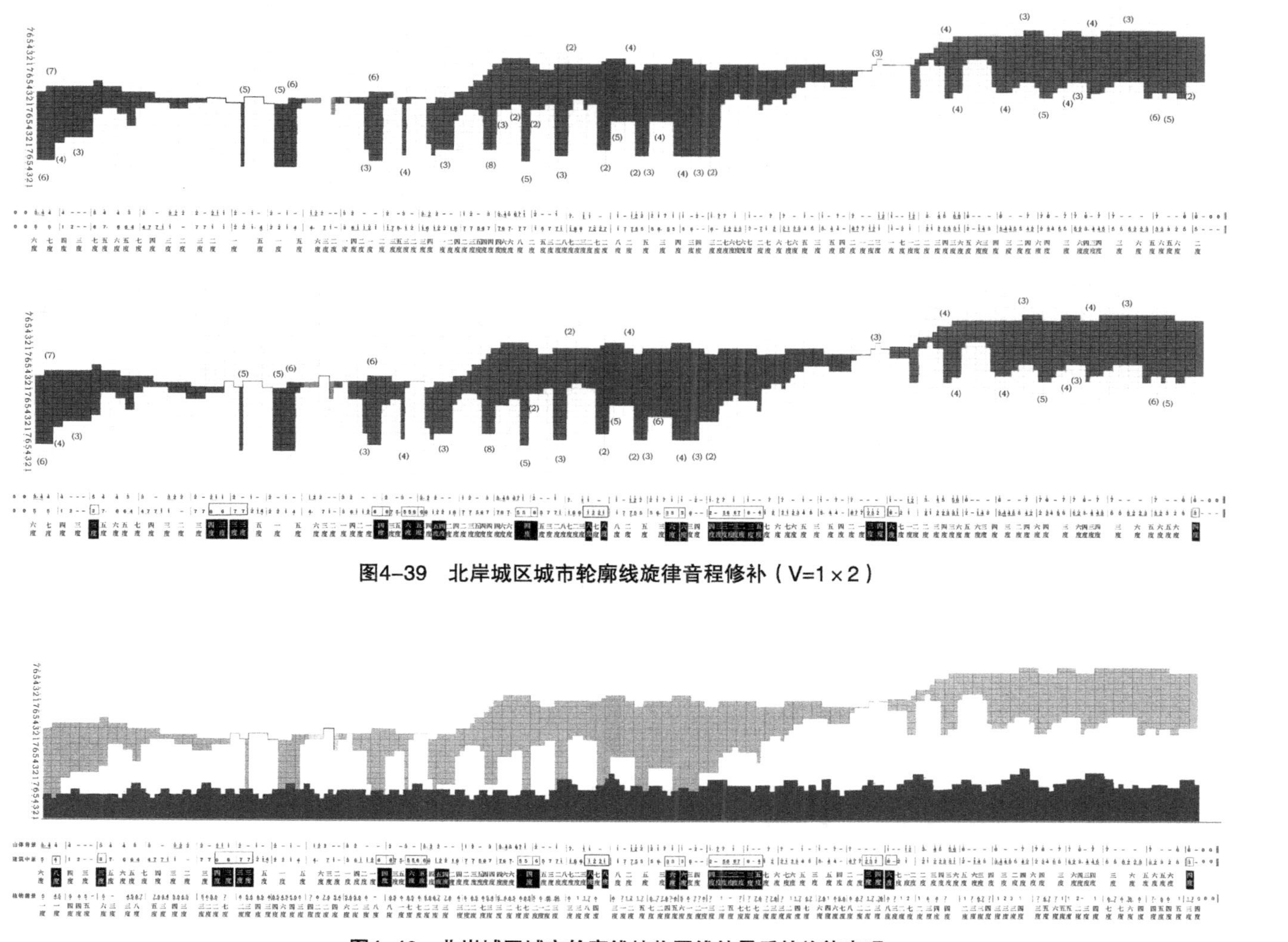

图4-39 北岸城区城市轮廓线旋律音程修补（V=1×2）

图4-40 北岸城区城市轮廓线植物冠线补景后的旋律表现

Z城北岸城市轮廓线组合旋律

图4-41 北岸城区城市轮廓线组合旋律（补景校正）

足，也增加了城市轮廓线的层次感，图 4–43 为建筑主景轮廓线增加植物补景后的效果以及整体城市轮廓线修补后的组合效果。

（二）西岸城区城市轮廓线整体补景校正

（1）旋律音程补景

通过对西岸轮廓线模拟多声部旋律组合的音程对比分析，出现多处不协和音程的音点分布，局部还反映出音程表现出来的冗长、空泛而平淡的同度音程，可以进行适当的修补，并使三段旋律之间的音程和谐度更加清晰，使整体上的高低错落组合比例尺度更为协调（注：建筑层数与单元格的比例取 V=1×3）。如图 4–42，为西岸城区城市轮廓线修补前后的对比情况，图中用标识标注了修补后的旋律音程比较。几处冗长的地方进行了音程上下级进的处理，增强了轮廓线错落起伏的效果。

（2）轮廓线组合综合表现效果

通过对柱状轮廓表现图的音程分析以及景观形态的综合分析，最后采用实景效果图的表现方式，展现这一城区城市轮廓线的立面效果。图 4–44 为轮廓线组合旋律修补校正分析；4–45 为西岸城区城市轮廓线旋律乐谱；图 4–46 为轮廓线组合修补前后的主题建筑轮廓修补点位对比；图 4–47 为轮廓线组合整体综合效果图。

第二节　某平原城市（D）中心公园城市轮廓线旋律生成

D 城市中心公园位于城市中心区，占地 2400 亩，其中生态水域占地 1000 亩，绿地和园林建筑占地 1400 亩，是 D 城环市区六大湿地公园之一。公园内绿草青青，林木葱郁，碧水荡漾，园内的建筑充分体现出浓郁的地域民居风格，与 D 城整体城市自然生态浑然一体。公园以园内较大的中心湖泊为中心，湖面开阔而蜿蜒；湖边设有网络交织的游步小道与健身绿道；公园的最外层被茂密的树林和山坡环绕隔离，好一处置身于城市中心闹市区的世外桃源。

观景中心公园四周城市轮廓线的位置，位于公园湖滨南侧的观景区，分别向北和向南进行观景，以获得南、北立面的城市轮廓。图 4–48 为 D 城中心公园观景平台眺望公园四周建筑与植物组合的城市轮廓线。上图为公园北区建筑与植物林冠线构成的城市轮廓线景观；下图为公园南区建筑群构成的城市轮廓线景观，它们反映出典型的平原城市轮廓线的组合特征。

图 4–49、图 4–51 为南、北城市轮廓线通过 A–V 效应分析方法转换获得的轮廓线的音乐旋律表现图。图 4–50、图 4–52 为轮廓线旋律曲谱。

对于平原地区城市中心的轮廓景观风貌，我们需要特别重视建筑形态及其高度组合与植物林冠线之间的密切配合和打造，方能形成富有层次感的轮廓线景观。

北岸建筑轮廓线校正前

北岸建筑轮廓线校正后

图4–42　北岸城区建筑主景轮廓线对位补景前后对比分析

北岸城区建筑轮廓线植物补景后的效果

北岸城区城市轮廓线植物补景后的组合效果

图4–43　北岸城区城市轮廓线增加植物补景后的组合效果

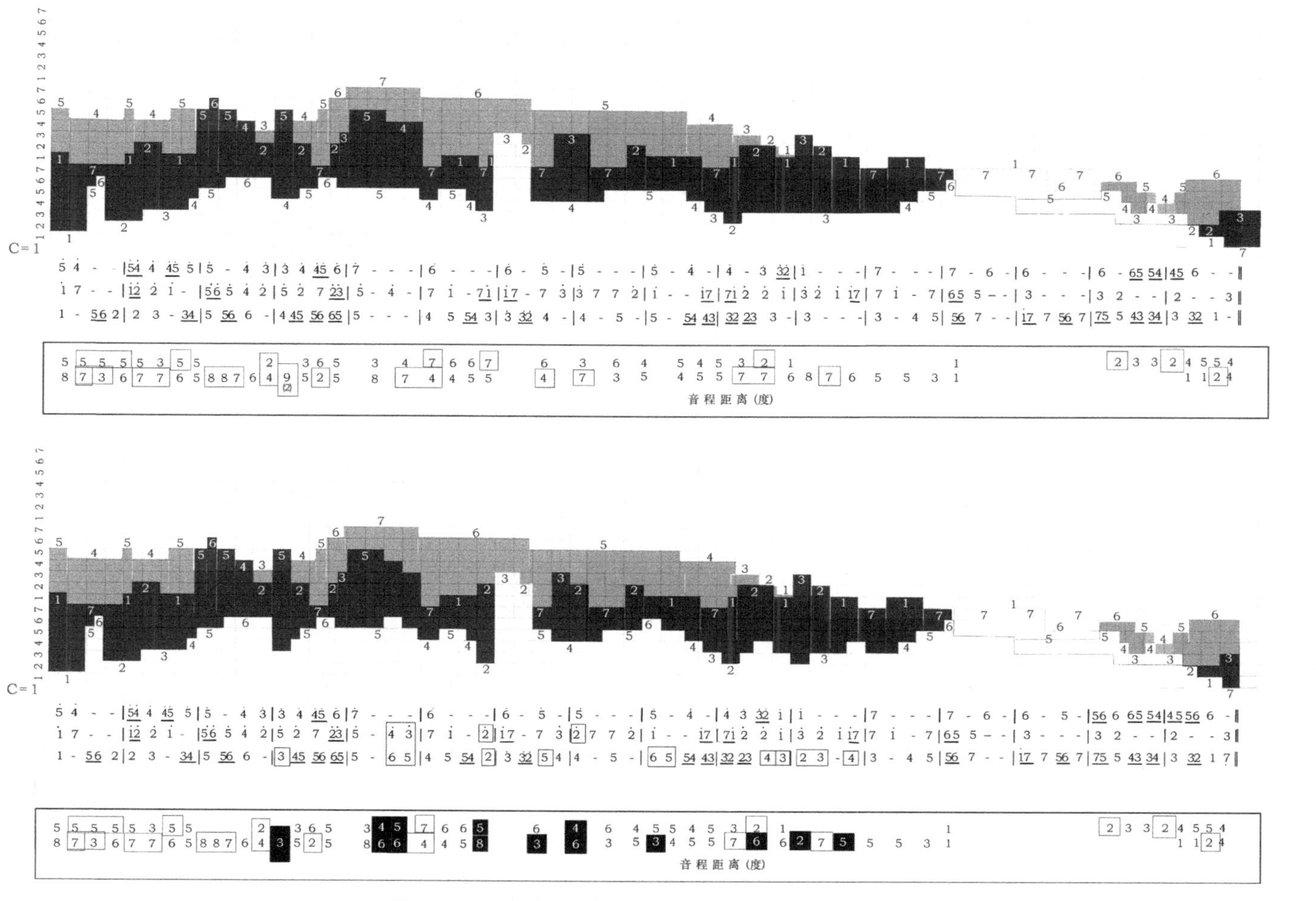

图4-44 西岸城区城市轮廓线组合旋律修补校正（V=1×3）

Z城西岸城市轮廓线组合旋律

图4–45　西岸城区城市轮廓线组合旋律（补景校正）

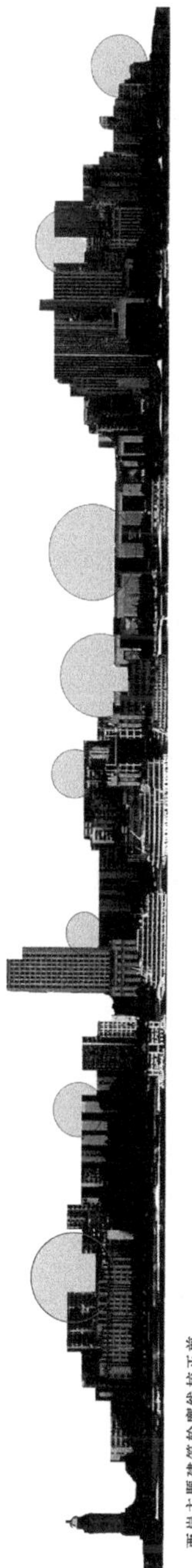

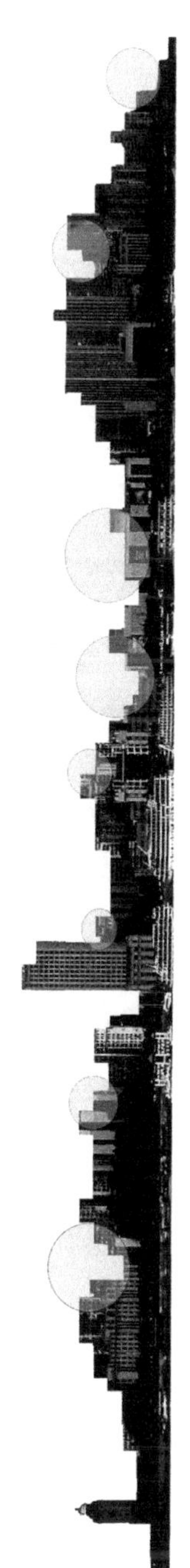

图4-46　西岸城区建筑主题轮廓线对位补景前后对比分析

图4-47　西岸城区城市轮廓线组合补景后整体效果

图4-48　D城城市中心公园观景四周城市轮廓线（上图观北、下图观南）

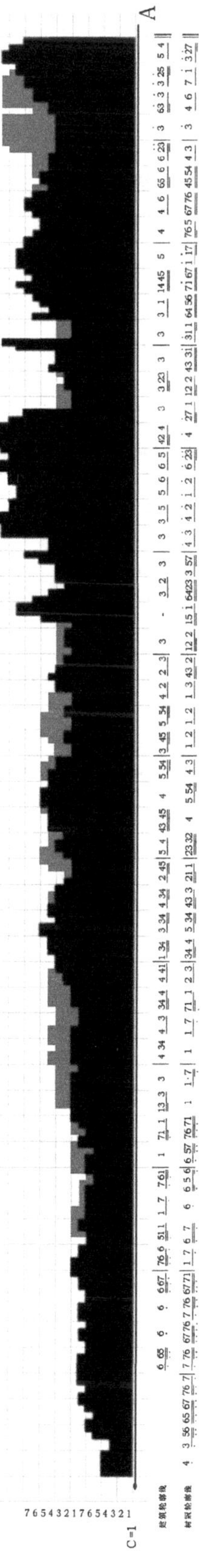

图4–49 D城城市中心公园北立面城市轮廓线组合旋律生成表现

D城城市中心公园城市轮廓线旋律

(北立面)

图4-50 D城城市中心公园北立面城市轮廓线组合旋律乐谱

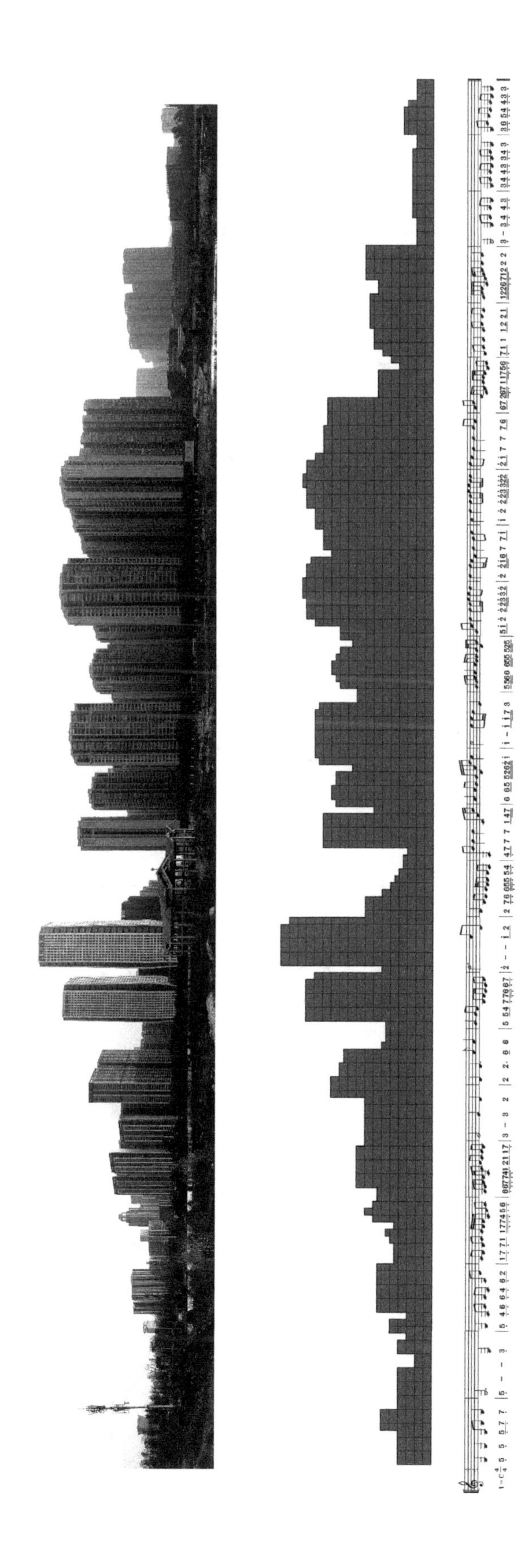

图4–51 D城城市中心公园南立面城市轮廓线组合旋律生成表现

D城城市中心公园城市轮廓线旋律

（南立面）

图4-52　D城城市中心公园南立面城市轮廓线组合旋律乐谱

第三节 某丘陵城市（Y）滨江公园城市轮廓线旋律生成

图 4–53 为某丘陵城市滨水两岸观景平台眺望南、北江岸建筑群与地形构成的城市轮廓线的音乐表现，通过 A–V 效应分析方法得到的城市轮廓线旋律。对于丘陵地区的城市中心轮廓景观风貌，我们需要根据山水特点，重视建筑形态及其高度组合山体以及植物林冠线的组合来打造城市轮廓景观。丘陵山地尽管不及山地城市的山水格局那样分明和富有层次感，中低山地往往也具有依山傍水的风貌特点，值得充分利用其形成富有层次感的轮廓线景观。但需注意一点，由于山地地势比较低矮，建筑高度的控制更要因地制宜，切不可遮挡城市周边的环境景观，特别是历史文化比较丰厚的城市。否则，会破坏历史城市文化背景和历史空间的存在。

Y 城是一座古老的城市，历史悠久，古迹甚多。但是在城市建设中，由于对自身的历史文化和山水环境缺乏更深入地探索，多年来沿江矗立大量的高层建筑，建筑后退空间不足，使得城市中心开敞空间以及滨江两岸，城市景观通透视线开始逐渐消失。原本城市周围秀丽且闻名的东山和西山，汉唐时期以来的历史遗迹和历史文明，数百年来一直得到本地的保护与传承，现如今却慢慢地被建筑“围墙”隔离于城区之外。如西山（现西山公园），有名亭、古墓、寺观、灵泉、修竹等，为历代文人墨客题咏圣地，还有蜀汉名臣墓地，珍贵的玉女泉道教造像，香火旺盛的仙云观、玉女泉等被誉为西山之胜，明清时期成为 Y 城重要的城市外环境，每逢节日引无数仕女公子哥前往祭拜。Y 城的东山（现富乐山公园），更有汉唐响名的楼宇和故事。三国志记载有刘备率兵马沿长江而上来到 Y 城东山，与刘璋相会，史称“涪城会”。刘备立于东山见涪县富庶，景色优美，忍不住喟叹“富哉！今日之乐乎！”从此东山易名为“富乐山”，世代相传，被人缅怀至今。在这座历史城市的记忆里，富乐山位于城市市区内，是一个融三国遗迹、山水结合的自然文化山水园林景区，一直以来，以高、广、秀、雅著称，被誉为 Y 城“第一山”。可以说在 Y 城史上留下了丰富的历史文化和遗迹。然而，也许我们的城市建设正在忽略历史空间环境的存在，现如今的滨江两岸、城市市区的公园、广场等周围已经高楼林立，市区内“开敞空间”的景观视线受阻，高层建筑群阻挡了内外交换的一些重要景观视线通道，城市内有山不见山，有景不见景的“围城”效应不断形成，后果就是使丰富的历史文化环境空间逐渐湮灭在城市混凝土森林之中。当一座山水城市逐渐丧失环境空间和景观元素的优势，一些重要的历史空间格局不复存在时，就会极大地影响城市特色景观风貌的建设与展现。因此在城市发展建设中，要学会科学地规划、设计与管理，尽量保护历史环境空间与城市建筑布局之间的协调关系，保护城市不可多得的真山真水的环境风貌格局。

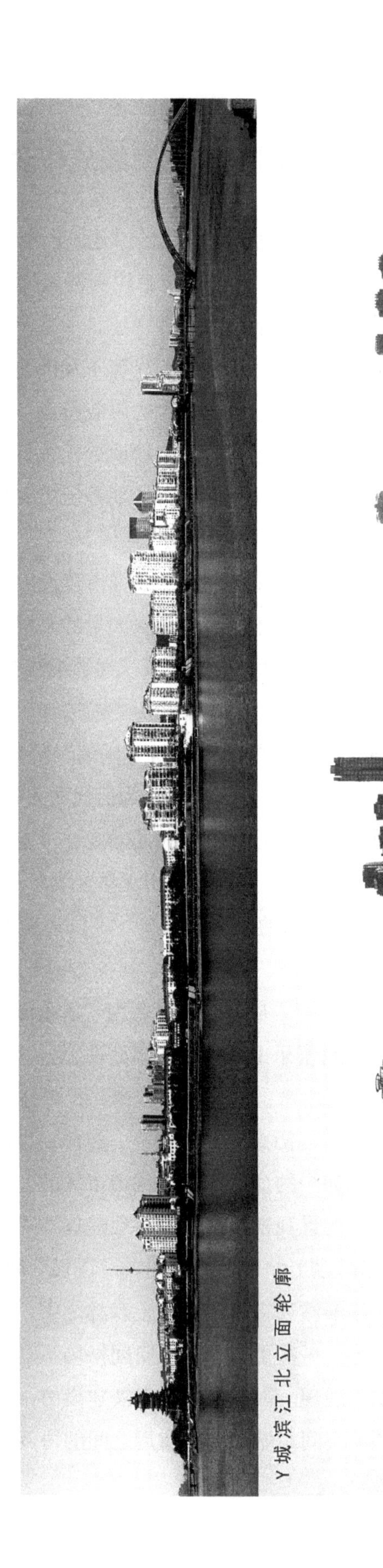

Y城滨江南立面轮廓

图4-53 Y城市中心滨江两岸城市轮廓观景效果

观景滨江两岸城市轮廓线的位置，分别位于滨水两岸的滨江观景区，向北和向南进行观景，以获得南北两岸的城市立面轮廓。图 4–53 为 Y 城滨江观景平台眺望对岸建筑群体构成的城市轮廓线。上图为北岸建筑群构成的城市轮廓线景观；下图为南岸建筑群构成的城市轮廓线景观，由于山体地形被遮挡，仅能反映出类似于平原城市轮廓线的组合特征。

图 4–54、图 4–56 为 Y 城中心滨江南、北两岸城市轮廓线通过 A–V 效应分析方法转换获得的轮廓线音乐旋律表现图。图 4–55、图 4–57 为轮廓线旋律曲谱。

第四节　城市景观轮廓线设计建议

（1）通过预先对城市轮廓线的旋律进行分析，可以帮助我们辅助解决城市风貌设计中的大环境景观问题；对于已经建成的城市空间所存在的一些建筑高度失误影响轮廓线的情况，可以通过修山、修树等补景措施进行校正；

（2）确定城市景观内外视线交换节点范围内的建筑物高度，并提前进行合理的高度控制；

（3）确定好城市景观透视线（域）的区内公共空间范围和位置，起到塑造与优化城市景观环境和形象的作用；

（4）山体轮廓线形态较弱或气势不足时，可以在山顶合适位置，采用建亭塔对山体进行修补，但需注意塔的位置要在黄金立面范围的黄金点上；

（5）当建筑群体轮廓主景单调或有缺陷，或者需要增强轮廓线的层次感时，可以增加植物前景进行修补，但必须注意植物树冠线的起伏幅度需要尽量符合音乐和谐音程，与建筑轮廓线形成对位和弦效果；

（6）多层次轮廓线之间的相对高差（音程距离），要注意各层次之间的比例关系须尽量符合或接近黄金比和音乐旋律的和弦对位，以获取和谐的视觉比例尺度；

（7）建筑与建筑之间的高差比（级进与跳进），须注意分析高差部位和谐音程，尽可能满足和谐音程的和谐比例；

（8）按照建筑模数对应旋律音级作为控制建筑层高的依据时，要根据观景范围的比例大小来确定 A–V 视网格单元格相对于建筑层高的倍数。这样才能在校正时，提出建筑高度控制的具体尺度（建筑层高）意见。

第五节　结语

目前，我国很多城市，无论是在新区建设还是城市更新进程中，都十分注重对城

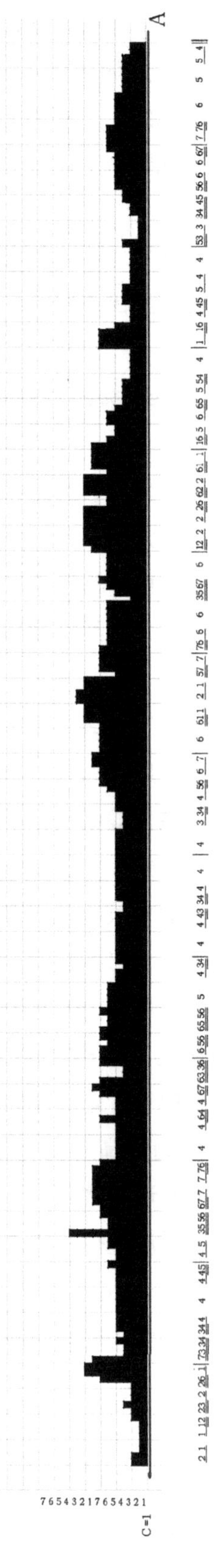

图4-54　Y城城市滨江北岸城市轮廓线组合旋律生成表现

图4–55 Y城滨江北岸城市轮廓线组合旋律乐谱

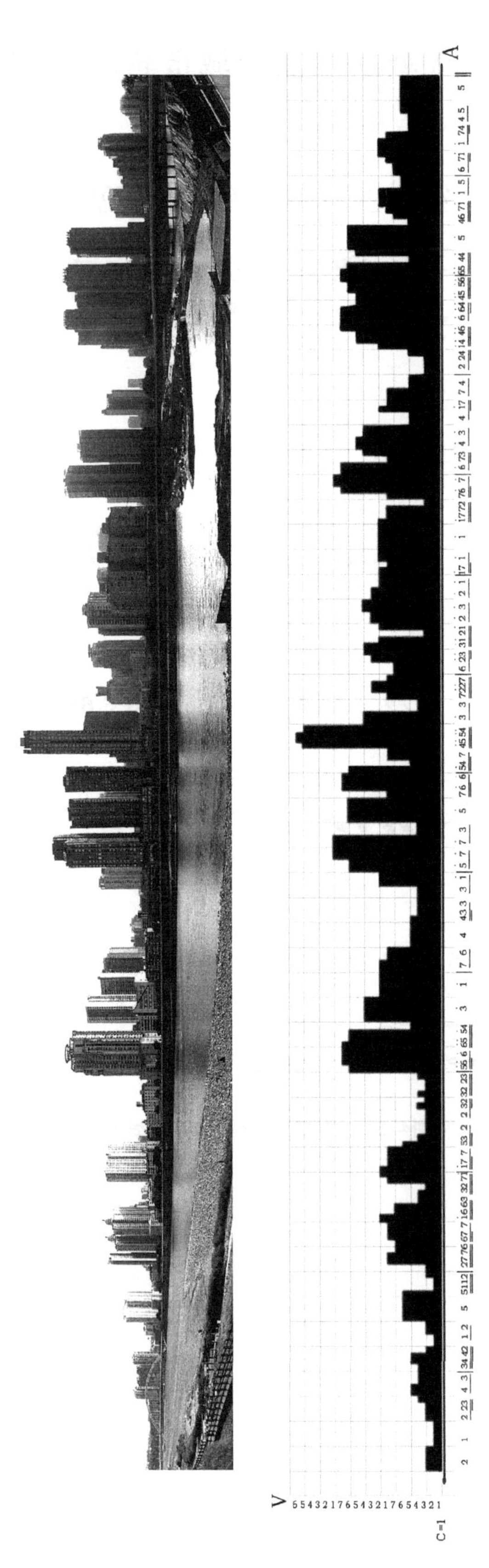

图4-56 Y城滨江南岸城市轮廓线组合旋律生成表现

Y城滨江南岸城市轮廓旋律

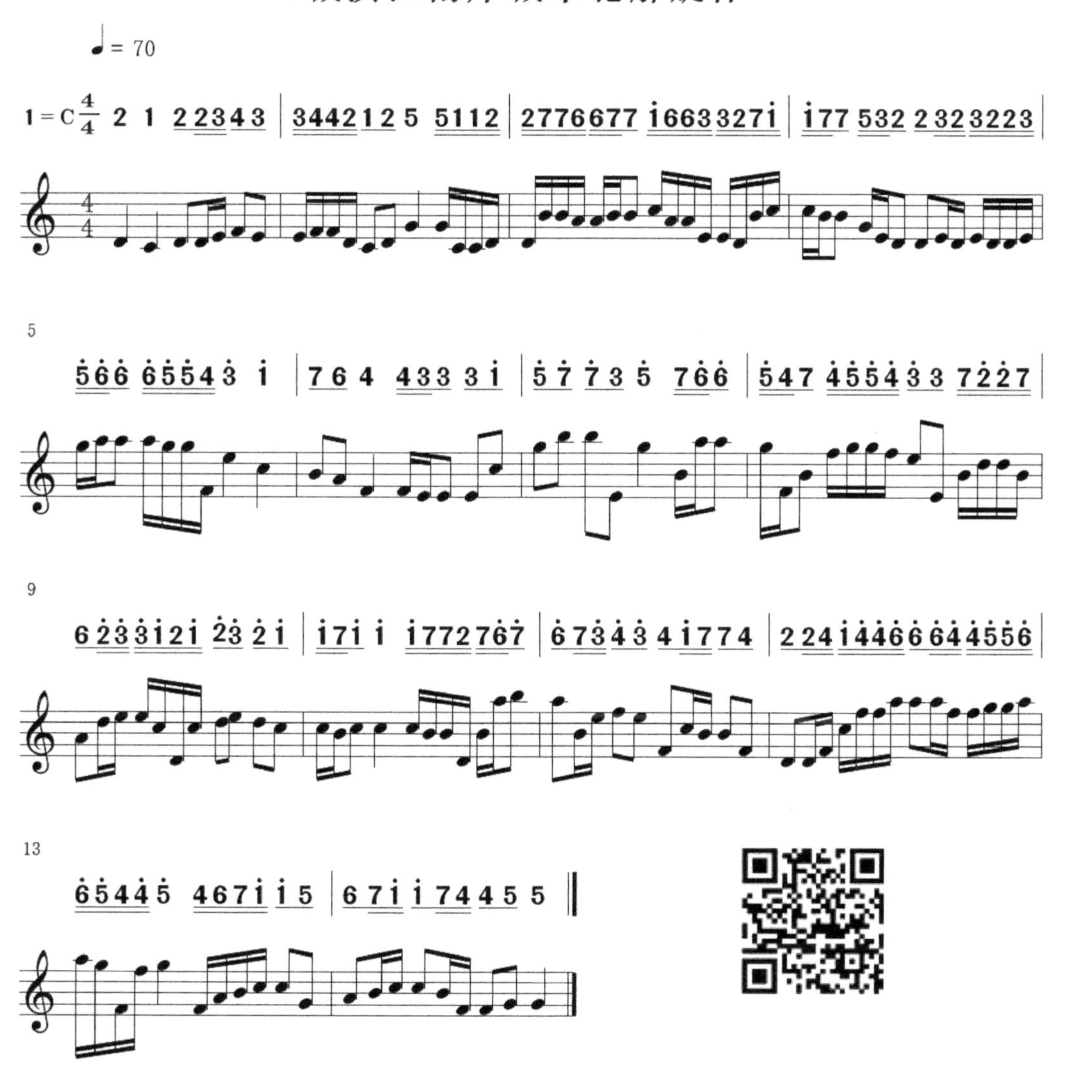

图4–57　Y城滨江南岸城市轮廓线组合旋律乐谱

市空间形象的打造。特别是充分利用城市大环境中的山水条件与景观视线设计，并配合对城市轮廓线的精心设计与对建筑高度的严格控制，对城市空间的保护与建设起到了关键性的作用。例如海南三亚的一项城市空间设计项目中，就明确提出“视觉规划”的设计主题，在设计中，充分地采用视觉景观规划的手法，对规划区的空间形态、高度分区提出新的控制要求，将建筑与景观和环境融为一体。立足视点、视角、视距、视野、视感五个视觉规划要素进行了详尽地分解和分析，保证了城市轮廓线、景观透视线与城市山水外环境之间的景观交流与联系。

对于城市空间的表现，特别是一座城市的轮廓线，无论是对其“听”或“观”的感受，都是需要最后通过“听众”和“观众”的心理认知后得出的一种反应。尽管每个人的听觉或视觉认知有所不同，但由于它是基于人类长期以来形成的认知基础，因此具有一定程度的一致性，最后达成了人们认知美、欣赏美的共性。因此，重视城市空间规划与城市景观设计，打造优美的城市空间形态和风貌，彰显城市特色文化内涵与个性，特别是开展对城市整体空间轮廓形象的美学研究具有积极的意义。

参考文献

[1] 刘滨宜 . 现代景观规划设计 [M]. 南京 ：东南大学出版社，1999.

[2] 孙成仁 . 城市景观设计 [M]. 哈尔滨 ：黑龙江科学技术出版社，1999.

[3] 李晓峰 . 城市设计中新的线性因素——城市的天际轮廓线分析 [J]. 建筑工程技术与设计,2014（36）.

[4] 金光君 . 图解城市设计 [M]. 哈尔滨 ：黑龙江科学出版社，1999.

[5] 吴晓松 . 城市景观设计 [M]. 北京 ：中国建筑工业出版社，2009.

[6] 龙彬 . 风水与城市营造 [M]. 南昌 ：江西科学出版社，2005.

[7] 田银生，刘韶军编著 . 建筑设计与城市空间 [M]. 天津 ：天津大学出版社，2005.

[8] 王其亨主编 . 风水理论研究 [M]. 天津 ：天津大学出版社，2001.

[9] 王建国编著 . 城市设计 [M]. 北京 ：中国建筑工业出版社，1999.

[10] 徐思淑，周文华编著 . 城市设计导论 [M]. 北京 ：中国建筑工业出版社，1991.

[11] 袁犁，姚萍编著 . 城市景观规划设计方法 [M]. 北京 ：科学出版社，2018.

[12] 魏敏，项亮 . 论音乐形式美的法则 [J]. 电影评介，2009（07）.

[13] 尹飞飞，任璐 . 建筑与音乐的审美通感 [J]. 魅力中国，2010（22）.

[14] 亢亮，亢羽 . 风水与城市 [M]. 天津 ：百花文艺出版社，1999.

[15] 房功建 . 乐理 [M]. 北京 ：北京师范大学出版社，2011.

[16] 李重光 . 通俗基本乐理 [M]. 长沙 ：湖南文艺出版社，2004.

[17] 曾燕 . 浅谈校园排舞对中学生不良情绪的调控作用 [J]. 体育时空，2014（23）.

[18] 宋冬菊 . 音乐神奇的“黄金分割”[J]. 美与时代，2010（02）.

[19] 袁犁. 文化与空间 [M]. 北京 ：中国原子能出版社，2014.

[20] 梁雪，肖连望 . 城市空间设计 [M]. 天津 ：天津大学出版社，2000.

[21] （日）山崎正史. 京都都市意匠——景观的传统 [M]. 京都 ：应用建筑株式会社，1994.

[22] 袁犁等. 历史万州环境空间图解 [M]. 北京 ：科学出版社，2018.

[23] 孙云鹰编著 . 对位法复调音乐教程（下册）[M]. 北京 ：高等教育出版社，2005.

[24] 马德莱・理查生著 . 调式及其和声法 [M]. 北京 ：人民音乐出版社，1953.

[25] 王建国 . 现代城市设计理论和方法 [M]. 南京 ：东南大学出版社，2001.

[26] 陈伟钢 .“黄金分割”律形成之源探秘 [J]. 自然杂志，2004（12）.

后　记

城市轮廓线是当今世界上城市整体空间设计与建设中最具有形象代表以及风貌特征的一种城市景观构成元素，它犹如一扇在嘈杂的穴巢中打开的窗户，让居住在城市里面的人们随处随地看到一幅徐徐展开来的山水风景画卷，心情顿觉开朗、舒畅。城市的高度结构影响着城市空间的体量感、天际线、空间比例以及空间的品质，注重在城市空间设计中对各类城市空间组合高度的典型特征进行梳理和打造，能够使城市的历史空间得到保护，现代文化风貌得以升华。

本书内容涉及人文景观、音乐艺术与建筑科学等多学科领域，在对具有巨大跨度的音乐艺术与建筑景观空间的关系研究过程中，我们在十多年的景观规划设计实践与项目研究中，从城市景观、音乐旋律、街巷空间、城市整体空间等角度切入，重视寻求城市轮廓线的可视化表达方式，探讨不同类型城市中天际轮廓线不同的组合方式与其中存在的音乐韵律，系统地分析塑造城市轮廓线的形体元素和音乐要素之间的组合关系,反复思考“建筑是凝固的音乐”的喻义,尝试借助 A-V 视网格和 A-V 效应分析，将城市轮廓绘制成建筑轮廓柱状图，并根据音乐旋律的音律原理以及建筑单元与音乐单元之间的相互关系，完成城市轮廓线的旋律转换，以此来反映和表达建筑群优美的形态及其轮廓景观。

本书将音乐旋律技术和城市景观规划与城市空间设计专门知识结合起来，开展学科交叉综合运用分析，在天际线与旋律线两种不同属性的轮廓线之间，探究城市轮廓线与音乐旋律线之间的综合关系，提出城市轮廓线的 A-V 的音乐与视觉效应的设计原理与方法，实属一次创新性的尝试。

本书通过最后的实例分析和设计介绍，旨在帮助城市设计专业人员、城市风貌建设与管理者、普通市民对城市形态和城市风貌具有更加深刻的共同认识。同时对于城市的空间设计，在城市轮廓线景观塑造方面也具有重要的参考价值，为城市规划、城市设计与城市建设提供了一种新的思考方式和方法。

本书对音乐旋律与城市空间关系的分析探究，对城市旋律空间设计优化的实践研究，仅仅是在前人对诸多城市轮廓线研究与认识基础上的一些新的思索与新的认知，许多问题的提出与解决尚缺乏更加深入、准确的探索和认识，由于我们工作经验的不足，水平有限，书中难免存在不足之处，仍需要不断地修正、完善与提高，期盼读者批评指正。

本书封面图片为陈素蓉女士的摄影作品，特意说明并致谢；著作中的所有图示除特别注明资料来源外，均为作者项目研究中拍摄与分析制作，特此说明。

最后，为我们此项研究给予支持和帮助的朋友，以及为我们付出辛勤劳动的出版社工作人员，致以真诚的谢意。

作者
2019 年 10 月 9 日